DISCLAIMER

Questo manuale ha lo scopo di fornire al lettore un quadro espositivo completo dell'argomento oggetto dello stesso Manuale Del Linguaggio Del Corpo Le informazioni in esso contenute sono verificate secondo studi scientifici, tuttavia l'autore non è responsabile di come il lettore applichi le informazioni acquisite.

Sommario

Manuale Del Linguaggio Del Corpo

Tecniche Pratiche Di Psicologia Comportamentale Per Riconoscere Immediatamente Le Personalità Delle Persone, Decifrare Espressioni, Gesti E Scoprire I Loro Segreti.

ALLAN COOPER

"Nessun mortale può celare un segreto. Chi tace con le labbra chiacchiera con la punta delle dita e si tradisce attraverso tutti i pori."

(Sigmund Freud)

IL TUO REGALO

Ti ringrazio per aver scaricato questo libro. Offro GRATUITAMENTE ai miei lettori il libro "PNL Tecniche Pratiche Di Manipolazione Mentale".

PNL Tecniche Pratiche Di Manipolazione Mentale è un piccolo libro gratuito che ho deciso di offrire ai miei lettori.

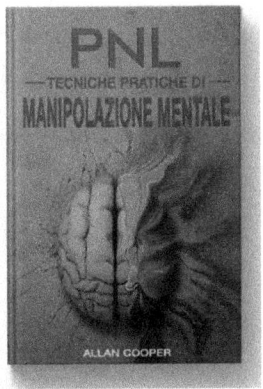

>>Inquadra il Codice QR per Ottenere il TUO REGALO!

COME SCANSIONARE IL CODICE QR

Come scansionare il codice QR su iPhone

1. Apri l'app della fotocamera sul tuo iPhone o iPad

2. Tenere la fotocamera in modo che il codice QR sia chiaramente visibile

3. Il dispositivo riconoscerà il codice e ti mostrerà una notifica

4. Toccare la notifica per arrivare alla destinazione del codice QR

Come scansionare un codice QR su iPhone e iPad

Innanzitutto, apri l'app della fotocamera sul tuo iPhone o iPad. Questo di solito si trova nella home page, nell'angolo in basso a destra del dispositivo, anche se sugli iPad è nella prima pagina o se lo hai spostato sarà da qualche altra parte.

Ora, tieni la fotocamera del dispositivo ferma sul codice QR. Non è necessario premere il pulsante di scatto, il tuo dispositivo iOS riconoscerà automaticamente il codice QR e ti fornirà una notifica sullo schermo. (Assicurati di avere il segnale mobile o di essere connesso al Wi-Fi, altrimenti non funzionerà.)

Tocca la notifica da portare alla destinazione del codice QR. Potrebbe essere un sito Web, un'app o una funzionalità del telefono.

Ora hai scansionato un codice QR sul tuo iPhone o iPad!

Come scansionare i codici QR con Android 9 e 10

Android 9 e Android 10 hanno uno scanner di codici QR integrato per gentile concessione di Google Lens. I consumatori devono aprire l'app della fotocamera e puntarla sul codice QR e visualizzare un popup dell'URL.

Attivazione di Google Lens

Per attivare Google Lens per scansionare i suggerimenti dei codici QR, apri l'app della fotocamera e fai clic su un altro. Apri Impostazioni e attiva i suggerimenti di Google Lens per scansionare i codici QR.

Come scansionare i codici QR con Android 8 (Android OREO)

1. **Google Screen Search**: Google Screen Search consente ai consumatori di scansionare i codici QR senza un'app.

E all'istante. Tutto quello che devi fare è puntare la fotocamera sul codice QR, premere a lungo il pulsante Home e fare clic su "Cosa c'è sul mio schermo?" Il link del codice QR sarà così disponibile.

Attivazione della ricerca dallo schermo

Se la ricerca sullo schermo dello smartphone non è attiva, apri l'app Google e tocca Navigazione. Dalle impostazioni, abilita Ricerca schermo.

2. **Google Lens**: un'interfaccia AI di Google, Google Lens riconosce tutto nella fotocamera, compresi i codici QR. È disponibile sia sull'app della fotocamera che sull'Assistente Google.

Scarica semplicemente Google Lens e avvia la scansione dei codici QR o utilizza Google Lens dall'Assistente Google.

Quindi per il tuo regalo scansiona questo:

ALTRI LIBRI DI ALLAN COOPER

-MANUALE DEL LINGUAGGIO DEL CORPO

-MANUALE DI INTELLIGENZA EMOTIVA

-MANUALE DI TECNICHE PROIBITE DI MANIPOLAZIONE MENTALE

-MANUALE DI PSICOLOGIA NERA

INTRODUZIONE

Il linguaggio del corpo è qualcosa di molto affascinante, misterioso e allo stesso tempo estremamente importante negli esseri umani. È qualcosa che va oltre le parole, qualcosa di più profondo e forse anche più affascinante. Rappresenta il non detto, il sepolto, ciò che ci teniamo dentro, ciò che non vogliamo dire o che non abbiamo il coraggio di dire. Al tempo stesso rappresenta una sorta di aiuto quando non troviamo le parole, riesce a compensare ciò che le parole non riescono ad esprimere. Può svelare significati e pensieri nascosti, se saputo interpretare, ma può anche rafforzare i concetti espressi a parole tramite la mimica marcata.

Spesso le parole hanno dei limiti, non sempre sono la migliore espressione dei concetti di cui vogliamo parlare, o soprattutto non sono in grado di esprimere al meglio i nostri sentimenti, le nostre emozioni, le nostre paure. Infatti si sa, a volte contano più i gesti delle parole.

Si dice che il 60% della comunicazione sia non verbale, dunque dettata da gesti, espressioni facciali, mimica del corpo. Pensate dunque a quante cose non dette ci perdiamo nelle persone che ci circondano. Pensate a quante cose non sappiamo o non cogliamo quando parliamo con qualcun altro. Vale davvero la pena interessarsi al linguaggio del corpo, se vogliamo avere una completa comunicazione con chiunque ci sta di fronte.

Può essere utile sapere se chi ci sta di fronte ci sta dicendo la verità o ci sta prendendo in giro, cosa che non possiamo sapere con certezza basandoci solo sulle parole che ci dice. Allo stesso tempo qualcuno magari prova un'immensa ammirazione per noi o addirittura prova qualcosa di profondo per noi, ma non ha il coraggio di dircelo. L'unico modo per scoprirlo o capirlo è andare oltre alle parole, decifrare le sue espressioni, i suoi gesti, il suo volto.

Non è semplice interpretare il linguaggio del corpo e capire tutto ciò che non viene detto. È difficile capire ogni gesto del corpo e tenere sotto controllo ogni parte del corpo altrui, ma ne vale la pena. Anche solo per sapere chi ci sta prendendo in giro, chi ci dice la verità, chi tiene a noi, o capire dove sbagliamo.

Magari qualche nostro atteggiamento è molto fastidioso per qualcuno ma non ha il coraggio di dircelo commettendo l'errore di persistere con quel comportamento.

Leggendo il linguaggio del corpo degli altri possiamo arrivare a capire molte cose, compreso dove noi sbagliamo.

A volte la lettura del linguaggio del corpo può anche trarre in inganno, non è sempre facile capire gli atteggiamenti e i gesti di un'altra persona perché non siamo nella sua mente. Se fosse possibile interpretare bene ogni gesto e cogliere ogni parola non detta, significherebbe essere in grado di leggere la mente degli altri, ma questo non è possibile. A volte possiamo anche cogliere segnali sbagliati, gesti che sembrano significare qualcosa ma in realtà sono compiuti a prescindere dal contesto comunicativo. Non sempre un gesto o un'espressione facciale significano per forza ciò che rappresenterebbero.

In ogni caso, in quasi tutte le comunicazioni e interazioni che abbiamo con le altre persone, il linguaggio del corpo rappresenta quasi la parte più importante di quelle interazioni. Pensate a quanto sia meglio avere una conversazione faccia a faccia con una persona, piuttosto che telefonicamente o, peggio ancora, via e-mail o chat. Vi siete mai chiesti il motivo? È semplice, è perché parlando faccia a faccia si evitano molti fraintendimenti e si riesce a capire e ad esprimere meglio un determinato concetto, complice anche e soprattutto il linguaggio del corpo. In tutte le comunicazioni "tecnologiche" di oggi viene meno quella parte fondamentale che sono le espressioni facciali e i gesti. Perciò molti significati vengono persi per strada e la sincerità di ciò che si dice è sempre minore, è sempre più facile da occultare.

Non dovete vedere il voler imparare il linguaggio del corpo come una cosa negativa, come il voler leggere a tutti i costi i segreti delle persone e la loro interiorità. Si tratta di una pratica che può solo giovare all'individuo, deve essere utilizzata non tanto per scoprire segreti nascosti o manipolare la gente, ma per comprendere al meglio l'evento comunicativo che abbiamo con gli altri in modo da migliorare il nostro comportamento e poter giovare agli altri.

COSA CI MOSTRA LA SCIENZA

La cinesica

Che cos'è la cinesica, anche conosciuta come cinestetica? Ne hai mai sentito parlare?

Lascia che ti spieghi: si tratta di una delle numerose metodologie di comunicazione adoperate dall'essere umano. In modo profano e sintetico, potremmo definirla la chiave del linguaggio del corpo, colei che abbraccia nella sua conoscenza tutti i movimenti del corpo.

Sebbene di norma non siamo consci dei messaggi in codice che trasmettiamo con il nostro corpo, né sappiamo distinguere con precisione tutti quelli ricevuti, la cinesica incide profondamente fra la comunicazione di due o più persone.

Tutto quello che accomuna il linguaggio non verbale fa parte della branchia di questa scienza. Ovvero, elementi come i gesti, lo sguardo, la postura e altri movimenti inconsci che coinvolgono il nostro corpo, condizionato da diversi input esterni. Non dobbiamo dimenticare di includere anche il contatto fisico che si stabilisce con gli altri e il tono della voce.

In questo capitolo, voglio che vi concentriate su uno dei quattro sensi: il tatto. In particolare, quello che si instaura fra due persone.

Il tatto è infatti uno dei componenti più rilevanti per quanto concerne la comunicazione cinesica. Questo perché anche senza esserne consci, ognuno di noi ha sviluppato un suo personale codice comportamentale tattile.

Vi rendete conto di quanto sfruttiamo il tatto per interpretare il mondo che ci circonda?

Tuttavia, stabilire un vincolo fisico attraverso la pelle, è purtroppo diventata una forma di comunicazione in disuso. Basti pensare a quanto più rapidamente stringiamo un contatto con il nostro smartphone piuttosto che con le mani di qualcuno a cui ci è caro. Ti risulta?

La cosa allarmante della società moderna è che ci stiamo abituando a coltivare i nostri affetti attraverso i dispositivi elettronici, piuttosto che coinvolgendo il nostro corpo e la nostra pelle.

Una stretta di mano, un bacio, una pacca sulla spalla, una lieve carezza e un caldo abbraccio: questi sono le principali fonti di studio per la comunicazione cinesica sul tatto.

Tuttavia, ci si pongono domande anche su categorie che si appoggiano su altri sensi, come gli applausi, che inevitabilmente attivano sia l'udito sia la vista.

Perché la comunicazione cinesica attraverso il tatto ha raccolto attorno ai suoi studi una moltitudine di interessati? La risposta è nel passato. Già, perché è la forma più primitiva per entrare in contatto con un altro essere vivente. Di conseguenza, è anche la forma comunicativa più essenziale e autentica.

Riesci a ricordare qual è stato il tuo primo vero contatto tattile, non appena hai aperto gli occhi su questo mondo? Le braccia di tua madre e il suo seno. Esatto. Infatti il primo contatto tattile che l'essere umano sperimenta avviene attraverso l'allattamento. Esso non è solo un mezzo per ricevere il giusto nutrimento, ma è l'atto stesso con cui il neonato getta le basi per la sua affettività. Discorso analogo per le carezze che ci vengono date sin dai primi mesi di vita dai nostri genitori.

Questa prima fase tattile è talmente importante che basterebbe guardare un documentario in merito sui mammiferi per capire quanto loro, naturalmente, siano propensi ad accudire amorevolmente il cucciolo e non fargli mancare alcuna attenzione.

E tante specie proseguono questo attaccamento fisico anche nel corso della crescita, come le scimmie per esempio che si intrattengono per intere giornate a pulirsi a vicenda. abbracciarsi e toccarsi di continuo.

Nell'essere umano, l'assenza o la presenza di un contatto cinesico può fare la differenza fra la vita e la morte. È tutto amplificato, per questo se un bambino non viene accarezzato, difficilmente sopravvive ai suoi primi mesi; e se lo fa, potrebbe sviluppare dei consistenti problemi emotivi in futuro.

Sebbene con il tempo ciò si regolarizzi, la necessità di un contatto fisico amorevole, ci condiziona per tutta la vita. Tuttavia, in alcuni momenti salienti e dolorosi, come in un lutto, in un'importante malattia, eccetera, ognuno di noi è vittima di una nuova impennata.

La cultura influisce molto nel modo in cui tocchiamo gli altri. In alcuni luoghi del mondo viene tollerata una minore vicinanza affettiva, e per questo il contatto si riduce al minimo. In altri, al contrario, gli abbracci, le pacche sulle spalle e il contatto fisico in generale sono molto più comuni e ben visti.

Ad ogni modo, indipendentemente dalla cultura, ciascun individuo ha un modo personale di impiegare il senso del tatto nella sua quotidianità.

Questa forma di comunicazione può rinforzare o indebolire i legami tra le persone. Basti pensare che, le coppie che si accarezzano di più hanno più possibilità di perdurare. Le persone che hanno un contatto fisico maggiore con i loro simili sono più felici e si ammalano di meno. Tuttavia, è innegabile come la società fomenti sempre più uno stile di vita in cui il tatto perde d'importanza. Esserne consapevoli è il primo passo per impedire che il contatto fisico si dissolva, diventando una rarità.

La prossemica

Oggetto di questa disciplina è lo studio della gestione dello spazio, delle distanze interposte tra le persone e del valore comunicativo che possiamo attribuire loro.

Si tratta di uno degli aspetti fondamentali nella valutazione del linguaggio corporeo; la scelta della distanza che poniamo tra noi egli altri è un importante indice delle nostre peculiarità caratteriali, del nostro stato d'animo e delle nostre intenzioni nei confronti degli altri.

Non dobbiamo dimenticare che, in questo ambito, forse molto più degli altri che abbiamo finora considerato, è determinante il condizionamento operato dall'educazione che ci è stata impartita come anche, soprattutto, dalla propria cultura di appartenenza: è noto che le diverse aree geografiche del pianeta hanno elaborato regole e convenzioni sociali molto differenti che determinano le distanze sociali; nel nord Europa, ed esempio, si tende a mantenere una distanza molto maggiore rispetto ai paesi di cultura araba o da quelli dell'area mediterranea.

Queste sono le distanze convenzionali che sono riconosciute, in linea di massima, nel mondo occidentale:

•   Spazio intimo ristretto (distanza 0-15 cm); è riservato, in linea di massima, solo al proprio partner, o a persone con le quali si è instaurato un rapporto di totale confidenza ed intimità;

- Spazio intimo (distanza 15-45cm); è riservato agli amici o ai parenti molto intimi, oppure può essere contemplato in situazioni particolari come attività sportive, concerti, eventi;

- Spazio personale (45-120 cm); è riservato alla famiglia oppure agli amici; è la distanza che solitamente interponiamo tra noi e gli altri all'interno dell'ambiente domestico, oppure in situazioni di convivialità e di normalità;

- Spazio sociale (1.2-3.6 m); è la distanza interposta tra sé e la propria cerchia sociale, che può essere composta da conoscenti, parenti e colleghi di lavoro, insegnanti ed istruttori, quindi persone con le quali non si è instaurato rapporto di particolare confidenza;

- Spazio pubblico (oltre i 3.6m); è la distanza interposta tra sé stessi e le persone che non si conoscono o con le quali non si vogliono stabilire interazioni di alcun genere. Mantenere a questa distanza conoscenti o amici potrebbe essere interpretato come chiaro messaggio di rifiuto o di indifferenza.

È fondamentale valutare opportunamente, in ogni circostanza e contesto, l'adeguatezza della distanza che interponiamo tra noi stessi e le altre persone; per essere certi di comportarsi sempre in maniera appropriata, occorrerà adeguarsi alle convenzioni sociali e culturali del luogo in cui ci troviamo in un dato momento. Non rispettare tali regole può significare l'elaborazione di un giudizio negativo sul nostro comportamento da parte di chi ci sta intorno; nel caso di un colloquio di lavoro, di un esame o di un incontro formale, può risultare sconveniente superare la distanza minima dello "spazio sociale", facendoci risultare persone eccessivamente spavalde o irrispettose dello spazio e della privacy altrui. Al contrario, se ci troviamo in una circostanza rilassata ed informale, in famiglia, tra amici, al ristorante o ad una festa, mantenere una distanza troppo ampia potrebbe caratterizzarci, agli occhi degli altri, come persone indifferenti, chiuse o addirittura ostili. La nostra personalità ed i nostri tratti caratteriali incidono molto sul modo in cui valutiamo lo spazio esterno che ci circonda: persone più aperte e disinibite non hanno problemi ad avvicinare gli altri, anche se si tratta di persone conosciute da poco tempo; sono solitamente persone che instaurano rapporti amicali confidenziali in tempi molto brevi e che sono molto aperte riguardo loro stesse; tendono ad avvicinarsi con facilità agli altri, ad esempio abbracciando e baciando sulle guance amici e conoscenti, anche quando non vi sia un rapporto confidenziale.

Al contempo vi sono persone particolarmente gelose della propria intimità e della propria privacy che tendono a dare molta meno confidenza e porre un certo spazio, reale e metaforico, tra loro stesse e gli altri, anche se si tratta di amici di lungo corso. Naturalmente non è possibile sancire definitivamente se vi sia un modo giusto oppure un modo sbagliato di valutare la propria sfera personale e la propria intimità; tuttavia possiamo affermare che sarebbe consigliabile, al fine di comportarsi sempre in maniera adeguata ed educata, rispettare, in linea di massima, le convenzioni sociali della cultura in cui ci si trova a vivere in un determinato momento e quindi non esagerare né nell'avvicinarsi né nell'allontanarsi troppo.

La prossemica nelle varie culture

Si può senza dubbio affermare che esistano sfere simili e che più facilmente si assimilano a vicenda se si osserva la mappa geografica. Ad esempio, la cultura americana è certamente molto più simile a quella europea rispetto a quella asiatica e quella europea può anche essere,

in una macro-considerazione, paragonata come a metà tra quella più americana occidentale e quella asiatica e orientale di nuovo.

Riducendo il campo di osservazione poi, ci si accorgerà che la cultura anglosassone in particolare, è caratterizzata da tratti molto simili fra loro se si prendono quelle regioni come di nuovo gli stati Uniti d'America, l'Inghilterra e la Germania insieme a tutto il resto del nord Europa, rispetto all'area più meridionale. Si ritrovano infatti gestualità ed usanze tipiche e che si ripetono proprio in queste regioni. A differenza delle aree più meridionali, dove il contatto e la prossimità fisica tra persone, come alcuni scambi di affetto e di amicizia sono più incentrate sulla vicinanza e il contatto fisico, in quelle più settentrionali, tali atteggiamenti sono invece caratterizzati da maggiore distanza, da più freddezza e meno contatto fisico.

Sin dai tempi antichi, tutte queste zone oltretutto, hanno visto moltissimi cambiamenti, come ascesa e caduta di imperi che hanno anche molto influito su questi aspetti determinati da regole sociali, abitudini, usanze religiose o politiche che sono andate poi a formare la qualità delle interazioni fra persone.

Così come abbiamo anche più sopra accennato, si sono sviluppate vie di comunicazione, infrastrutture, hanno preso vita strutture urbane particolari che hanno favorito lo scambio di merci e quindi quello linguistico e con esso quello legato ad ogni aspetto culturale, sia esso religioso, filosofico o politico, con la conseguenza che tra uomini si sia cominciato a scambiare anche atteggiamenti, posture, gestualità, seguita e accompagnata da espressioni linguistiche particolari con i suoi concetti.

Andando avanti in questa analisi, possiamo anche immaginare che dalla struttura urbana e dalla rete infrastrutturale che univa più centri urbani, siano sorte zone a carattere più densamente popolate di altre e che anche questo abbia innescato questo meccanismo, innestando nuovi paradigmi di linguaggio.

Nel mondo moderno, l'occidentale, rispetto agli orientali, hanno finito con il gradire spazi di abitabilità più confortanti rispetto ad esempio ai giapponesi che come quasi tutti sappiamo, sono capaci di vivere in piccolissimi spazi, o come i cinesi che spesso condividono uno stesso ridotto appartamento con la numerosissima famiglia. Pensiamo anche all'India, che conta una popolazione quasi simile numericamente a quella cinese, in un territorio che ne è un terzo rispetto a quello della Cina.

Tutto questo conduce a quello che viene indicato come spirito di adattamento, in cui le persone, lungo tutta la storia, non hanno fatto altro che scendere a compromesso con l'ambiente e le circostanze sociali ineludibili, andando a modificare regole comportamentali e quindi anche lo stesso linguaggio del corpo.

Oggigiorno ci sono addirittura delle leggi che regolano l'ampiezza degli spazi pubblici che devono attenersi a criteri rigorosi pena l'incorrere di una multa o la chiusura di una attività. Pensiamo ad un bagno, un locale, le scuole, un giardino pubblico, in cui gli spazi sono concepiti e suddivisi secondo rigidi criteri spesso inviolabili. Per poi arrivare ovviamente al concetto di proprietà privata e il divieto di oltrepassare e calpestare "lo spazio altrui".

Molti sono gli studi che osservano i cambiamenti all'interno di questa suddivisone e condivisione degli spazi e su quanto gli individui entrino in prossimità di altri individui e la modalità di queste interazioni.

Pensiamo alla relazione tra studente ed insegnante. Recenti studi affermano che la distanza, sia e resti, alla base della buona educazione e del mantenimento della disciplina dello studente, altri affermano sinceramente l'opposto e che quindi abbiano rilevato che la distanza ridotta, favorisca la buona condotta dello studente, prediligendo il senso di confidenza che conferisce la vicinanza del maestro allo studente, verbalmente, fisicamente e quindi anche psicologicamente.

Ci sono classi, come in quelle scandinave dove non esistono nemmeno i banchi di scuola e in cui agli studenti è permesso di studiare sull'amaca montata in classe o mentre dondolano sull'altalena, o mentre fanno streching, il tutto condividendo lo stesso ambiente in totale libertà e questa sorta di smart working, abbia permesso agli studenti di raggiungere dei risultati nettamente migliori di altri, che conducono studi e fanno lezione in classiche aule con maestri che mantengono rapporti del tutto asettici con gli studenti.

Non è comprovato nulla al 100%, se pensiamo alla disciplina che vige nelle scuole cinesi ad esempio, dove recentemente sono stati introdotti dei dispositivi a forma di cerchietto che alcuni studenti indossano e che scarica scosse elettriche ogni qualvolta uno studente perde la sua concentrazione in classe, ma in cui i risultati paiono essere tra i migliori.

IL MOVIMENTO INCONSCIO DEL CORPO

Gesti ed emozioni

Un gesto del corpo esprime più emozioni di mille parole. Un gesto del corpo sarà sempre sincero, non mentirà, a differenza delle parole. Attraverso i nostri movimenti e le nostre espressioni esprimiamo al meglio le emozioni che proviamo, anche se a volte tentiamo di nasconderle o di non dirle apertamente.

Il miglior indicatore delle emozioni è il volto, con le sue espressioni. Per quanto tentiamo di nascondere le nostre emozioni, per quanto proviamo a dire qualcosa ma pensare l'esatto opposto, il volto, se ben osservato, ci tradirà sempre. È difficile nascondere un'emozione nel volto, perché le espressioni facciali non sempre possono essere controllate. Possiamo essere padroni di ciò che diciamo, ma non delle nostre emozioni e delle espressioni facciali che ne derivano. Tra l'altro, studi portati avanti da Charles Darwin e da psicologi che lo hanno seguito mostrano che le espressioni facciali sono universali per determinate emozioni, e comuni a più esseri viventi.

Esistono delle emozioni universali provate da tutti gli esseri umani, e da queste derivano le espressioni facciali universali. Queste emozioni sono: gioia, tristezza, dolore, sorpresa, paura e rabbia. Le espressioni facciali che derivano da queste emozioni universali sono innate, a differenza dei gesti del corpo che derivano dai contesti sociali e culturali. La reazione che abbiamo quando proviamo paura è innata, non l'abbiamo imparata, ci viene spontanea, così come la reazione alla tristezza. Infatti un bambino impara a piangere e a fare l'espressione triste fin da neonato. Stessa cosa vale per il sorriso quando siamo felici. È qualcosa di innato, non si insegna a sorridere e il sorriso non dipende da nessuna cultura, è universale.

Nelle espressioni facciali possiamo distinguere tra macro espressioni e micro espressioni. Le prime sono espressioni durature e rappresentano emozioni spontanee, emozioni che non stiamo cercando di nascondere. Ad esempio un sorriso sincero perché ci sentiamo molto felici, o un pianto liberatorio perché siamo tristi, o un'espressione arrabbiata perché stiamo litigando con qualcuno.

Le micro espressioni invece sono espressioni che durano pochi secondi e di solito corrispondono ad emozioni che stiamo cercando di reprimere o nascondere, ad esempio un'espressione delusa o arrabbiata quando in realtà stiamo fingendo che una situazione ci vada bene. Queste micro espressioni non vengono notate dalla maggior parte delle persone, spesso sono quasi impercettibili e bisogna stare molto attenti e concentrati sul viso della persona per captarle. Gli psicologi e gli psichiatri sono allenati per riconoscerle, le persone normali tendono a non notarle, a meno che non si tratti di persone particolarmente empatiche verso gli altri. Chi le fa invece di solito non se ne rende conto, ma non farebbe male una maggiore consapevolezza delle proprie micro espressioni, anche solo per capire cosa mostriamo agli altri e se siamo in grado di controllare o meno le nostre emozioni.

In generale, possiamo fare degli esempi di espressioni facciali o gesti per molti tipi di emozioni. Lo stress e la tensione sono di solito rappresentati dalla compressione degli occhi e delle labbra, e dal tremolio delle mani. Quando qualcuno è in disaccordo con noi ma non vuole dircelo non sarà comunque facile per lui nascondere l'emozione contrastante e, se prestate attenzione ad ogni particolare del suo viso o ad ogni gesto che fa, forse potrete leggere il disaccordo. Probabilmente arriccerà le labbra o il naso, alzerà o farà roteare gli occhi, sbatterà molto le palpebre.

Per capire il disprezzo e la sorpresa basta osservare bene gli occhi della persona. L'aria da disprezzo si vede, se uno vuole farci caso, così come si vede l'aria di ammirazione. Inutile fare finta di niente, se si osserva bene una persona si capisce se ci ammira o ci disprezza, anche solo guardando i suoi occhi e la sua espressione mentre ci guarda. Gli occhi pieni di ammirazione sono brillanti e pieni, gli occhi del disprezzo sono più cupi e spenti, gli occhi della sorpresa sono spalancati e irrequieti. Il disprezzo o disgusto spesso è accompagnato anche da una smorfia, più o meno sottile ed individuabile. L'espressione della paura ha anch'essa gli occhi irrequieti così come il resto del viso e, tendenzialmente, la bocca aperta o semiaperta. L'espressione di felicità porta molte rughe nel volto e gli occhi sono brillanti.

A volte paura e sorpresa possono essere confuse inizialmente, perché per entrambe gli occhi si allargano e appaiono agitati e la bocca può aprirsi. Però sono due emozioni molto diverse, una di solito è negativa e l'altra positiva.

La paura rappresenta un'emozione di stress e questo sarà individuabile in tutto il corpo.

Il viso potrebbe farsi pallido e, sebbene il battito possa accelerare anche con la sorpresa, in caso di paura rimarrà accelerato per più tempo e sarà una sensazione negativa che può portare anche al panico assoluto.

La rabbia non è facile da nascondere. Di solito la persona arrabbiata abbassa e avvicina tra loro le sopracciglia e tiene gli occhi fissi, oltre ad avere l'intero viso e corpo abbastanza rigidi. Anche le mani tendono a chiudersi e il viso potrebbe arrossarsi a causa della forte emozione e dell'aumento della pressione nel sangue. L'espressione di tristezza è l'opposto di quella di felicità. Quando siamo felici l'intero viso si solleva, mentre quando siamo tristi si abbassa. Labbra, occhi, zigomi, tutto tende al basso e gli occhi si svuotano. La tristezza non è poi da confondere con il dolore, perché la tristezza è considerata un'emozione passiva, mentre un dolore un'emozione attiva. Il dolore è qualcosa che si manifesta con i muscoli ben in tono ed attivi perché è dato da smorfie ben evidenti e pianti, mentre la tristezza fa perdere dinamicità ai muscoli, è rappresentata da un rilassamento del viso verso il basso ed è perciò più facilmente mascherabile del dolore. Ci sono persone che mascherano bene la tristezza perché sono molto solari e tendono a sorridere lo stesso ma, se guardate bene il loro sorriso, apparirà comunque più spento.

Occhi e sguardo

Un'attenta valutazione dei movimenti degli occhi e dello sguardo ci consente di ottenere un gran numero di informazioni sui pensieri e sulle emozioni reali della persona che ci sta di fronte: non a caso ci si riferisce spesso agli occhi come porta di accesso per l'anima (o per la mente, se lo si preferisce). Si tratta di uno degli aspetti della comunicazione non verbale maggiormente considerati quando si voglia tentare di capire se il proprio interlocutore stia o meno mentendo: un determinato schema di movimento oculare reiterato nel tempo, infatti, costituisce un formidabile indicatore di quale sia la tipologia di processo cerebrale in atto in un dato momento. Andiamo allora ad analizzare alcuni degli elementi che possono aiutarci a decodificare ed interpretare i movimenti che interessano gli occhi.

Direzione dello sguardo come accesso oculare:

è stato ampiamente dimostrato come il movimento oculare sia strettamente connesso con l'attività cerebrale: un determinato direzionamento dello sguardo, messo in atto più volte, per lo più in maniera inconsapevole, costituisce una traccia dell'attivazione di una precisa area del cervello:

1. Il movimento verso destra in alto (visivo costruito) indica la costruzione creativa di un'immagine;

2. Il movimento verso sinistra in alto (visivo ricordato) indica un'attività mnemonica, il ricordo di un'immagine;

3. Il movimento verso destra al centro (auditivo costruito) indica l'elaborazione creativa di un suono o di una voce;

4. Il movimento verso sinistra al centro (auditivo ricordato) indica il ricordo di un suono o di una voce che già conosce;

5. Il movimento verso il basso a destra (cinestetico) indica una sensazione in corso;

6. Il movimento verso il basso a sinistra (dialogo interno) indica una riflessione interna in corso.

Una precisazione importante: nel caso si stiano valutando persone mancine, occorre tener presente che le caratteristiche degli emisferi sono invertite, quindi questa schematizzazione dei movimenti oculari andrà specchiata, in quanto basata sulle caratteristiche cerebrali dei destrorsi.

La possibilità di comprendere quale sia l'area del cervello attiva in un determinato lasso di tempo ed in corrispondenza al proferimento di una certa affermazione, ci permette di carpire dati importanti sulle funzioni cerebrali in atto e, quindi, sapere se le informazioni comunicate siano attinte grazie ad un processo mnemonico oppure siano prodotte creativamente al momento; questo è uno degli strumenti più utilizzati per valutare se una persona stia o meno mentendo, dal momento che consente di capire se stia riportando avvenimenti e fatti realmente accaduti oppure se stia facendo lavorare la sua creatività per forgiare in quel momento i contenuti che ci sta comunicando.

Abbiamo preso in considerazione i movimenti oculari come indicatori dell'attività propria di determinate aree celebrali; passiamo ora a considerare gli sguardi ed i loro significati.

A caratterizzare una tipologia di sguardo non è il solo movimento oculare, ma diversi altri fattori come il movimento delle sopracciglia e delle palpebre, come anche dell'attivazione della muscolatura del volto che si accompagna ad esso.

• Uno sguardo sfuggente o fugace può essere letto come sinonimo di imbarazzo, soggezione o timore ed è un segnale che indica la difficoltà o l'impossibilità di sostenere un contatto visivo costante e prolungato; può essere frequente nelle persone timide ed insicure, ma può essere anche interpretato come il sintomo di un forte imbarazzo dovuto ad una particolare soggezione nei confronti del proprio interlocutore; in concomitanza con altri fattori, può essere valutato come indicatore che la persona in questione stia mentendo. Evitare il contatto oculare con l'altro potrebbe essere considerato un gesto di scortesia che denota scarso interesse per le parole che si stanno ascoltando, soprattutto nel caso in cui lo sguardo sia poi rivolto ad altre persone e oggetti o se in generale si dia l'impressione di essere distratti;

• Al contrario del caso precedente, uno sguardo fisso, intenso e prolungato, è proprio di un carattere spigliato e sicuro di sé come anche di un interesse sincero e profondo nei confronti del proprio interlocutore; uno sguardo particolarmente prolungato nel tempo, che arriva ad essere addirittura insistente o molesto, magari accompagnato da occhi socchiusi e contrazione dei muscoli facciali (come le sopracciglia aggrottate), può essere interpretato come atto ostile ed aggressivo;

• Lo sguardo di traverso, obliquo o di sottecchi, è un chiaro segnale di diffidenza, di mancanza di fiducia o addirittura di avversione ed insofferenza;

• L'incapacità di mantenere il contatto visivo con l'altro, rivolgendo costantemente il proprio sguardo verso il basso, è un chiaro segno di sottomissione e di paura nei confronti del proprio interlocutore: guardare continuamente a terra verso il pavimento denota, infatti, la ricerca di un rifugio o di una via d'uscita dalla conversazione, che risulta evidentemente insostenibile;

• Alzare lo sguardo al cielo, com'è noto, è spesso indice di noia o di frustrazione; chi alza gli occhi verso l'alto mostra insofferenza o irritazione nei confronti di qualcosa o qualcuno;

23

• Gli occhi sgranati sono un elemento costitutivo dell'espressività facciale di diverse emozioni, quindi sono difficili da interpretare se non considerati in combinazione ad altri segnali del volto e del corpo: sono indice di emozioni negative quali la rabbia, la paura, lo sgomento, ma anche di emozioni positive come l'interesse e l'attrazione sessuale, oppure la sorpresa;

• Sbattere le palpebre con una frequenza particolarmente intensa può essere un sintomo di nervosismo e tensione, come anche di sgomento e incredulità nei riguardi di particolare situazione che si sta vivendo; anche questo elemento può essere inteso come indizio di una menzogna, dal momento che si presenta quando vi sia una generale tensione corporea; d'altro canto sbattere le ciglia può essere inteso anche come segnale di interesse ed attrazione ed è spesso utilizzato come arma di seduzione o invito al corteggiamento, soprattutto dalle donne.

Si tratta, quindi, di elemento da considerare con attenzione rispetto alla situazione particolare, potendo assumere significati molto differenti o addirittura contrapposti;

• La chiusura degli occhi prolungata per un tempo molto più lungo rispetto a quello necessario per sbattere semplicemente le palpebre, spesso accompagnata dal simultaneo sollevamento di entrambe le sopracciglia, è un indice di chiusura, avversione o di insofferenza nei confronti del proprio interlocutore o della situazione; spesso questo gesto comunica la propria intenzione di smettere di interagire con l'altro o la volontà di fuggire mentalmente, o fisicamente, dal contesto in cui ci si trova.

Un altro elemento interessante da valutare in relazione agli occhi sono le pupille: la loro dilatazione è, solitamente, un chiaro segnale di desiderio, piacere ed eccitazione, anche sessuale, come di sorpresa e stupore; al contrario, la loro contrazione è indice di una sensazione di avversione e di insofferenza, che si verifica quando percepiamo qualcosa di sgradevole.

Nella valutazione di questo fattore, bisogna tener ben presente che l'illuminazione dell'ambiente circostanze influisce significativamente sulla dilatazione delle pupille.

Un'ultima considerazione relativa all'area superiore del volto riguarda le sopracciglia: sono moltissime le espressioni facciali, sia positive che negative, che coinvolgono i muscoli dell'arcata sopraccigliare, un'area molto coinvolta nella mimica facciale.

- Le sopracciglia aggrottate possono essere valutate come segnale di sconcerto, dubbiosità e perplessità, ma caratterizzano anche le manifestazioni di aggressività e dolore, sia fisico che emotivo;

- Le sopracciglia abbassate verso gli occhi rimandano ad emozioni quali la rabbia, lo sconforto, la frustrazione o il dolore; anche in questo caso bisogna fare molta attenzione al contesto, da momento che potrebbero anche indicare che la persona in esame si stia concentrando intensamente su qualcosa, un compito oppure un oggetto;

- Sollevare una o entrambe le sopracciglia per un breve istante è solitamente un segnale che accompagna un saluto o un cenno amichevole rivolto a qualcuno; se mantenute alzate per un tempo prolungato il gesto può assumere il significato di grande sorpresa oppure di intensa attenzione;

In conclusione, è possibile affermare che il contatto oculare si configura come uno degli aspetti fondamentali dell'espressività facciale umana, da tenere in debita considerazione in tutte le forme di interazione sociali: è indispensabile mantenere un contatto visivo continuo ma non insistente con il proprio interlocutore; mentre invece tendere ad evitare lo sguardo altrui sarà interpretato come indice di debolezza o paura.

Bocca e sorriso

Anche la bocca è stata, ed è tuttora, soggetta a molti studi espressivi. Poiché viene coinvolta a diversi segnali del linguaggio del corpo, in presenza o meno di comunicazione verbale. Sorridere è senza dubbio uno dei primi segnali di apertura verso il prossimo, ma ci sono molti tipi di sorriso, alcuni dei quali possono anche indicare rifiuto.

Sei convinto/a di saper distinguere la linea sottile che divide questi due tipi di sorrisi, magari a te rivolti?

Sorridere a denti stretti

Questo è un chiaro segno di antipatia, diffidenza o rifiuto. In qualunque caso, se qualcuno ve lo mostra, cambiate interlocutore. E di corsa anche.

Sorridere arcuando le labbra, ma senza mostrare i denti

In questo caso invece, il gesto indica falsa cortesia e disagio.

Ridere a bocca spalancata

Se la risata è avvalorata da movimenti spontanei del corpo, allora puoi trarre un sospiro di sollievo: l'interlocutore è a suo agio e ha risposto sinceramente a una tua battuta.

Digrignare i denti

Perlopiù avviene durante il sonno, tuttavia, è sintomo di un'avvolgente preoccupazione, paura o ansia.

Sporgere il labbro inferiore

Questo è un gesto infantile, che rimanda a uno stato emotivo di tristezza e commozione. Infatti, si è in procinto di piangere.

Sorridere in modo asimmetrico

È un segnale di sarcasmo o contrasto.

Masticare una matita

È un gesto che ha una funzione precisa di auto-rassicurazione. In alcuni casi può essere soppiantato dal vizio del fumo o, persino succhiandosi un pollice.

Posizionare la lingua al centro della bocca

Ricordi che smorfia facevi quando tua mamma ti obbligava a mangiare le verdure?

Benissimo... di conseguenza, ti apparirà chiaro quanto questo gesto indichi qualcosa che non ci piace, che anzi ci disgusta. È un forte indice di rifiuto.

Mangiarsi le unghie

Sfortunatamente, chi è coinvolto in questo vizio, è soggetto a uno stress incontrollabile, oppure da ansia e frustrazione. In qualche modo, è una live forma di masochismo, in quanto rappresenta un'aggressione verso se stessi.

Coprirsi la bocca con una o due mani

Non sempre significa shock o stupore, come normalmente si crede. Infatti, il più delle volte questo gesto inconsapevole è associato a una forma di auto-regolamentazione. Ovvero che ci si vuole frenare e bloccare, al fine di non pronunciare qualcosa di sbagliato o inopportuno.

Mordersi le labbra

Il più delle volte è un allarme di nervosismo e tensione. Tuttavia, nel migliore degli scenari, può essere interpretato come un piacevole invito sessuale.

Voce e intensità

Il tono di voce è forse uno degli aspetti più influenti della comunicazione non verbale.

Il tono di voce contiene una marea di elementi sonori che danno un significato, a livello conscio o inconscio, alla trasmissione del messaggio. Questi parametri possono essere cose come il timbro, l'intensità del suono, la velocità della dizione, la chiarezza, la proiezione, ecc.

Esiste la possibilità che diversi individui dicano la medesima affermazione ma il tono di voce che è usato da ognuno trasmette un messaggio psicologico che cambia da persona a persona.

Esaminando il tono di voce di una persona si possono cogliere molte informazioni riguardo ad essa.

Se per esempio stiamo avendo un dialogo con una persona che parla una lingua a noi sconosciuta potremmo addirittura capire qualcosa rispetto a che ciò sta provando in quel momento solo ascoltando il suo tono di voce.

Ora ti do immediatamente un paio di idee per capire ciò che comunica la voce di chi ti sta davanti.

Da uno studio condotto dal Laboratorio di Analisi Strumentale della Comunicazione dell'Università Autonoma di Barcellona sono emerse delle informazioni interessanti riguardo l'uso della voce e la percezione.

Ecco cosa è emerso:

• Il tono di voce grave trasmette maturità e porta gli altri a fidarsi di più di quello che viene detto. E' quello che viene maggiormente usato nelle pubblicità.

• Se il tono di voce è molto grave, viene collegato a emozioni negative.

• Se ascoltiamo una voce decisa e sicura di sé saremo più portati a pensare che ci stia parlando una persona di una certa importanza sociale.

• Conversare con un tono di voce basso trasmette un senso di insicurezza ed impaccio a chi ti trovi davanti.

• Un tono di voce molto acuto ti fa percepire come poco credibile.

Alcuni psicologi hanno cercato di comprendere il significato nascosto dietro l'utilizzo della voce.

La ricerca ha evidenziato che noi tutti interpretiamo il significato della voce facendo "una somma" di vari elementi.

Proprio per questo è importante che tu comprenda ognuno di questi punti perché una volta assimilati sarai in grado di riconoscere in pochissimi secondi il carattere di chi ti sta davanti.

Respirazione

Mentre parliamo il modo in cui si respira da l'idea della velocità alla quale si vive.

• Respirazione tranquilla: chi ti sta davanti vive con equilibrio

• Respirazione profonda e regolare: chi ti sta davanti è energico e dinamico

• Respirazione profonda, regolare e intensa: chi ti sta davanti sta reprimendo la sua rabbia

• Respirazione superficiale: chi ti sta davanti manca di realismo

• Respirazione breve e veloce: chi ti sta davanti è ansioso

Intensità o volume

Fa capire come un individuo si relazioni con se stesso e con le altre persone.

- Volume normale: chi ti sta davanti sa controllarsi ed ascoltare

- Volume alto: chi ti sta davanti è debole, egoista e impaziente

- Volume basso: chi ti sta davanti è inesperto o reprime qualcosa

Articolazione o vocalizzazione

La vocalizzazione riguarda l'abilità di capire gli altri e la volontà di farsi capire.

- Articolare in modo ben definito: chi ti sta davanti è aperto alla comunicazione

- Articolare in modo impreciso: chi ti sta davanti vuole ingannarti o è mentalmente confuso

- Articolare in modo molto marcato: il tuo interlocutore è un narcisista o è teso

- Articolare in modo molto esitante: chi ti parla è aggressivo o reprime qualcosa

Velocità

La velocità con cui parli indica il tuo tempo emotivo:

- Parlare lento: chi ti parla non è interessato ed è disconnesso dalla realtà

- Parlare veloce: l'interlocutore è teso e vuole deviare il discorso

- Parlare normale: indica rispetto o anche mancanza di naturalezza

- Parlare in modo irregolare: chi ti parla è confuso e ansioso

Ma come sono influenzate le nostre relazioni personali dalla voce?

Il tono di voce plasma il modo in cui la gente interagisce con gli altri.

Anche se chi ci ascolta non è un esperto di linguaggio del corpo sarà comunque portato a captare inconsciamente i segnali vocali che noi gli manderemo.

Questi messaggi daranno un'immagine chiara della nostra personalità alla persona che abbiamo davanti.

Il tono della voce inoltre trasmette il modo con cui un individuo si vuole relazionare a chi gli sta davanti.

Se è distaccato e pungente, trasmette la volontà di distanziarsi. Se è avvolgente e sussurrante, chiede di avvicinarsi.

E' proprio attraverso questi schemi che possiamo leggere la personalità e lo stato d'animo di chi ci sta davanti.

Corpo e postura

La postura che assumiamo dice molto del nostro stato d'animo in quel momento. Si può distinguere tra una postura rilassata, indice del fatto che la persona in quel momento è serena, e una postura tesa, che indica nervosismo. Il nervosismo è dato anche dal cambio continuo di postura, perché la persona non ha pace e non riesce a stare ferma. Bisogna evitare gli eccessi in entrambi i casi, una postura troppo rilassata può dare l'idea di scarsa attenzione o menefreghismo se siete in una riunione o in ufficio, mentre una postura nervosa, con cambi continui di posizione dà l'idea di inquietudine e scarso controllo di sé.

Nelle situazioni formali sarebbe meglio evitare di tenere le braccia o le mani incrociate dietro la schiena, perché sono un segno di poca trasparenza. Mentre le mani dentro alle tasche appaiono un po' sfrontate, sempre nei contesti formali, e danno l'idea di essere poco propensi all'azione e danno l'idea di essere un po' svogliati.

Sulle gambe incrociate non c'è molto di particolare da dire, fortunatamente nella nostra cultura non sono viste come un insulto e una mancanza di rispetto, ormai in tutte le riunioni, gli uffici o in generale i contesti normali, la gente incrocia le gambe tranquillamente quando è a sedere, senza dare alcun segnale negativo. Le gambe dritte, se vi trovate davanti all'interlocutore, non danno alcun particolare segnale negativo, mentre se divaricate la cosa può essere fraintesa come una posa un po' troppo sfacciata.

Anche le braccia incrociate possono significare qualcosa ma non sempre. Diciamo che spesso vengono incrociate in segno di disapprovazione, chiusura verso l'interlocutore, diffidenza, ma altre volte vengono incrociate solo per comodità o per caso.

La postura è un forte indicatore della sicurezza che una persona ha di sé. Una postura che tende ad assumere la gobba, ad incurvare la schiena e a tendere verso il basso, rappresenta insicurezza. Al contrario, una postura eretta e magari anche con le mani sui fianchi mentre si sta in piedi, dà l'idea di forte sicurezza in sé stessi.

Quando si è a sedere, l'ideale è sedersi stando con il busto ben eretto, senza pendere da un lato o sedersi di traverso. È ideale anche tenere le mani sulle ginocchia piuttosto che appoggiate sul tavolo con i pugni chiusi, che può dare senso di aggressività, o con i palmi in su, che dà senso di inferiorità.

Se siete tesi e non sapete dove mettere le mani non muovetele assiduamente, appoggiatele delicatamente sul tavolo o sulle vostre gambe.

Per quanto riguarda i piedi, tenerli ben saldi al terreno trasmette un senso di sicurezza, incrociarli trasmette diffidenza e dondolare piedi e gambe eccessivamente trasmette inquietudine, nervosismo ed ansia.

Le persone che si accasciano continuamente, si appoggiano sui gomiti da sedute o sui muri mentre in piedi, appaiono disinteressate e pigre, per niente attive. È bene stare attenti a non esprimere troppo ciò che è meglio non far capire.

Essere troppo statici non va bene. Tenere una conversazione in piedi rimanendo immobili non è la cosa migliore da fare, è molto meglio muoversi un po'. Una persona completamente statica mentre parla appare un po' finta, forzata e non del tutto a suo agio, oltre a tenere il livello di attenzione degli ascoltatori basso. Non esorta a farsi ascoltare e seguire, tende ad annoiare, è poco interessante. Una conversazione tenuta in maniera dinamica, abbinando qualche movimento, è più piacevole ed interessante da ascoltare. Non bisogna comunque esagerare con i movimenti per non far distogliere l'attenzione dal senso dell'intera conversazione e dall'ascolto. È sempre bene inoltre tenere le spalle e il mento abbastanza sollevati, per dare l'idea di sicurezza.

Quando siete seduti, ricordatevi che per mostrarvi interessati alla conversazione è conveniente sporgersi, inclinarsi verso l'interlocutore.

Non rimanete inclinati tutto il tempo, ogni tanto smuovetevi e ritornate indietro, per poi inclinarvi di nuovo successivamente. Darete l'idea di prestare molta attenzione. Non portate però troppo avanti il torace, perché può essere frainteso come un segno di eccessivo potere.

Ricordate che una corretta postura vi rende anche più belli, e non solo, vi mantiene la schiena, le ossa e i muscoli più in salute. Ad ogni modo, l'importante è essere sempre se stessi ed assumere una postura naturale, che vi faccia sentire a proprio agio. Non ha senso stare in posizioni forzate, non fa bene a voi e non vi fa fare bella figura.

Braccia e mani

Per gli italiani le braccia sono un mezzo di comunicazione molto stravagante e caratteristico. Come gesticoliamo noi: nessuno al mondo! Tuttavia, anche se le usiamo principalmente per enfatizzare il messaggio che stiamo esprimendo, le braccia sono degli indicatori alquanto affidabili per capire lo stato di una persona.

Vediamo dunque come ci comportiamo, senza accorgercene:

Braccia spalancate e palmi delle mani rivolti all'insù

Questo gesto è sintomo di apertura e agio. Fa sempre piacere chiacchierare con qualcuno che dimostra di provare piacere nella tua compagnia.

Braccia incrociate (gambe comprese)

Parallelamente, chi vi accoglie con questo gesto di chiusura (magari aggravato dai pugni chiusi), sprigiona antipatia e ostilità. Il più delle volte si è prevenuti nel confronto del nostro interlocutore, per cui già non nutriamo una grande stima.

Braccia dietro la schiena con le mani giunte

Immaginatevi un anziano mentre osserva un cantiere da dietro le reti protettive: ecco, la posizione è proprio quella! Gesto tipico degli uomini, rappresenta forza, autorità e sicurezza in se stessi.

Cingere un braccio con l'altro

Questo movimento appartiene perlopiù al linguaggio del corpo femminile e può indicare sia nervosismo sia auto-protezione e rassicurazione.

Braccio davanti al corpo

Vediamo come si comportano i due sessi che si approcciano a questo segnale: la donna lo svolge soprattutto quando reggono la borsa sul grembo e tendono così a voler creare un'altra barriera.

Gli uomini, invece, tendono a lasciarlo penzolare vicino ai genitali come sinonimo di difesa.

Distendere un braccio sul tavolo/ Grattarsi un braccio

Entrambi questi messaggi del corpo riconducono a una sensazione di imbarazzo e nervosismo.

A differenza delle altre parti del corpo, il linguaggio non verbale che coinvolge le mani apre il sipario su un vocabolario molto ampio e complesso, in quanto sono le uniche che tendono a interagire con gli oggetti e con la maggior parte delle altre parti del corpo. Inoltre, la gestualità manuale solo in parte risponde ad un'azione di tipo volontario, il più delle volte si tratta di movimenti involontari, come ad esempio toccarsi il naso.

Posizionare la mano all'altezza del cuore

Gesto genuino e autentico di sincerità. Di solito lo si compie per manifestare la volontà di essere creduti.

Grattarsi il collo

Solitamente è un chiaro segno di dubbio o incredulità.

Sollevare il palmo aperto verso l'alto

Con questo movimento si tende a esprimere il concetto: "No sono una minaccia. Non ho nessuna arma in mano". Si tratta quindi di sottomissione, onestà e pace.

Grattarsi o sfiorarsi il naso con le mani mentre si parla

Se lo sta facendo il tuo interlocutore, non prestargli troppa attenzione: sta ingigantendo un'informazione o, nella peggiore delle ipotesi, ti sta mentendo.

Coprirsi il volto con le dita aperte

È la tipica posizione che assumiamo qualora sia nostra intenzione difenderci dagli sguardi e dai giudizi altrui. Talvolta, può indicare anche vergogna.

Infilare le mani in tasca

Questo movimento denota un forte disinteresse, rifiuto nel mettersi in azione e noia.

Giocare con il lobo dell'orecchio

Significa indecisione.

Puntare il dito (solitamente l'indice) verso una persona

Chiunque l'ha già fatto nella propria vita e si è stati additati a nostra volta!

Gesto che normalmente prende il sopravvento durante una lite, significa minaccia e aggressione.

Strofinare le mani insieme

Movimento messo in atto da chi si sta già gustando una piacevole vittoria o il raggiungimento di un'aspettativa positiva.

Tapparsi le orecchie

Gesto infantile ma efficace per segnalare che si è in completo disaccordo con quanto ascoltato. È un rifiuto visibile a tutti gli effetti.

Puntare un dito verso l'alto

Caratteristico di un soggetto che, mentre sta parlando, vuole aggiungere enfasi per aumentare l'impatto emotivo.

Stringere il polso con l'altra mano

Sintomo di ansia e pressante preoccupazione.

Formare un triangolo, premendo i polpastrelli di entrambe le mani gli uni sugli altri

Avete presente il signor Burns dei Simpson mentre, seduto alla sua scrivania, sussurra un inquietante: "Eccellente"? Perfetto, allora avete capito che gesto intendiamo.

Questo movimento è tipico di un individuo concentrato in una profonda riflessione; oppure di colui che sta cercando di spiegare qualcosa di complesso.

Muovere ripetutamente ma lentamente su e giù i palmi delle mani rivolti verso il basso

Usato comunemente degli insegnanti per intimare la classe a mantenere la calma.

Accarezzarsi il mento con le mani

Gesto che accomuna principalmente gli uomini: se è di breve durata significa che l'interlocutore sta ponderando un'azione (la farà oppure no?). Se invece l'azione è sostenuta nel tempo, è indice di noia e stanchezza.

Stretta di mano

Lo sapevi che non molto tempo fa ci si stringeva la mano solo fra gli uomini?

Comunque, diversamente da come si tende a pensare, la fermezza di una stretta di mano non è necessariamente sinonimo di altrettanta fermezza di carattere. Questa convinzione può deviare la tua prima impressione e questo è quello che voglio evitare che succeda.

Vediamo quindi che caratteristiche si trascina dietro una comune stretta di mano.

Stretta di mano vigorosa

L'individuo che si presenta con questo biglietto da visita, è un soggetto entusiasta, vigoroso e tenta di trasferire energia al prossimo non appena lo incontra.

Stretta di mano con il palmo verso l'alto

Questa tipologia di presentazione dichiara invece che c'è un'intenzione di sincera apertura e ospitalità.

Stretta di mano con il palmo verso il basso

Attenzione! Questo saluto vi deve mettere in guardia, in quanto significa che l'interlocutore vuole dominare e tende a prevaricare nei rapporti o, quantomeno, ne ha tutta la volontà.

Stretta di mano debole, molle

Anche in questo caso, non è necessariamente aggrappato a un individuo di carattere insipido e/o sottomesso. Nella maggior parte dei casi dipende da fattori momentanei o esterni, come l'umore, l'età, l'appartenenza di genere e addirittura la professione (pensate ai musicisti o ai chirurghi: le mani sono lo strumento con il quale lavorano, per cui devono preservarle e usarle con la massima cautela!).

Stretta di mano a due mani

Quando, mentre ti stai presentando, l'interlocutore ti appoggia la seconda mano sul dorso della tua, ciò rappresenta onestà, affetto e affidabilità.

Stretta di mano ferma

Anche in questo caso evitare di associare ad un carattere forte, potrebbe invece trattarsi di un tentativo di mascherare la propria debolezza oppure delle intenzioni sbagliate, come la volontà di nascondere qualcosa o far del male.

Gambe e piedi

La parte inferiore del corpo, essendo la più distante dal cervello, è meno sottoposta ad un controllo vigile e cosciente da parte del sistema nervoso, quindi è più difficile da controllare; la posizione che assumiamo ed i movimenti che effettuiamo con le gambe ed i piedi possono rivelare molto del nostro atteggiamento nei confronti delle persone che ci circondano. Analizziamo ora quali possano essere le diverse configurazioni che assumono le gambe quando si è seduti:

•   sedersi accavallando le gambe all'altezza delle ginocchia può denotare un atteggiamento di chiusura, di diffidenza, di scarsa propensione all'ascolto degli altri, o, in altri casi addirittura di timore; conclusioni analoghe si possono trarre anche nel caso di gambe incrociate all'altezza delle caviglie; in alcuni contesti, associato ad una serie di altri fattori, può essere attribuito anche ad un intento seduttivo, messo in atto soprattutto dalle donne;

•   sedersi con le gambe divaricate, molto aperte oppure accavallate appoggiando la caviglia di una sul ginocchio dell'altra (formando un quattro con gli arti, per intenderci), è sinonimo di autostima, di controllo e di sicurezza;

è una posizione che può essere letta come indice di una personalità aggressiva e dominante. Per procedere ad una metafora comparativa con il mondo animale, può costituire un'analogia della marcatura del territorio, in quanto mette in mostra l'area genitale; si tratta di una postura adottata tipicamente dagli uomini che vogliano sedurre una donna;

• Sedersi con le gambe parallele e le ginocchia chiuse, mantenendo le cosce particolarmente strette, è una posizione che denota profondo autocontrollo e compostezza, ma anche timore e preoccupazione; è più frequente nelle donne.

Passiamo a valutare le posizioni ed i movimenti delle gambe quando ci si trova in posizione eretta:

• Stare in piedi con le gambe parallele ed eccessivamente strette, mantenendo un atteggiamento composto e rigido come se si stesse sull'attenti, denota tensione, timore o preoccupazione per la situazione in cui ci si trova, o anche soggezione e reverenza nei confronti degli altri;

• Una posizione eretta che presenti le gambe divaricate, aperte è indice tranquillità, di rilassatezza e controllo della situazione; potrebbe essere considerata inadeguata ed eccessivamente confidenziale in contesti formali, in quanto è indice di un'eccessiva sicurezza in sé stessi;

• Quando nella posizione eretta un piede si venga a trovare davanti all'altro, indicando una precisa direzione, siamo fronte ad un soggetto che mostra impazienza per lasciare il posto in cui si trova, e la punta del piede indicherà il luogo "di fuga" prescelto;

• Anche quando si è in piedi può capitare di incrociare le gambe: analogamente alla posizione assunta da seduti, questo gesto indica apprensione per la situazione oppure un senso di inadeguatezza e sottomissione agli altri;

• Spostare il peso da una gamba all'altra in continuazione è un movimento che denota irrequietezza e nervosismo.

Ultimi, ma non per importanza, i piedi. Sono una delle parti del corpo che più difficilmente riesce ad essere controllata volontariamente ed a lungo, essendo l'estremità più lontana dai centri nervosi; rivolgere la nostra attenzione ai piedi, dunque, può rivelarci molte informazioni utili sul nostro interlocutore.

• Protrarre i piedi in avanti rispetto all'asse delle gambe quando si è seduti, è un segno di interesse e coinvolgimento per le parole dell'interlocutore;

• Se uno o entrambe le punte dei piedi indicano l'uscita dalla stanza o di un luogo, è possibile che la persona in questione voglia cercare un pretesto per abbandonare la conversazione oppure il posto in cui si trova, poiché si sente a disagio oppure è annoiato;

• Ritrarre i piedi verso l'interno rispetto all'asse delle gambe, quando si è seduti, può essere interpretato come un segnale di diffidenza e chiusura rispetto al proprio interlocutore ed alla situazione in generale;

• Un movimento continuo dei piedi, sia che si manifesti in posizione eretta che seduta, è un chiaro segnale di ansia e tensione, oppure di impazienza ed eccitazione: in particolare battere in modo costante la punta del piede, poggiandosi sul tallone, è un noto segnale di nervosismo; mentre invece dondolarlo freneticamente, sempre facendo leva sul tallone, è sintomo di noia e desiderio di lasciare la conversazione oppure il luogo in cui ci si trova.

IL LINGUAGGIO DEL CORPO PER I BAMBINI

I bambini dipendono quasi interamente dalla comunicazione non verbale nei loro primi mesi, fino a quando diminuiscono i pianti!

Mentre i bambini crescono, fanno ancora affidamento, come fanno gli adulti, sul linguaggio non verbale, come per indicare un giocattolo piuttosto che chiederlo, allontanando gli altri bambini quando li infastidiscono, o persino abbracciarsi per mostrare affetto reciproco e fare un broncio esagerato per raccogliere simpatia.

I bambini di appena nove mesi, che non hanno un linguaggio verbale, possono persino iniziare a usare il linguaggio dei segni per trasmettere i desideri mostrando quanto sia radicata in noi la comunicazione non verbale.

Quando i bambini piccoli mentono, spesso hanno problemi a stabilire un contatto visivo o potrebbero abbassare il capo, apparire tesi o potrebbero persino sollevare rapidamente entrambe le mani e coprirsi la bocca come per respingere la bugia da dove proviene.

Anche alcuni adulti eseguono questi gesti se lasciamo uscire dalla bocca un pettegolezzo segreto o particolarmente succoso nel cerchio sociale sbagliato.

Tuttavia, in altre situazioni, sia i bambini che gli adulti non sono così ovvi. Uno studio del 2002 condotto da Victor Talwar e Kang Lee presso l'Università del Queens, in Canada, ha dimostrato che i bambini di tre anni sono naturalmente abili nel controllare il loro linguaggio non verbale riguardo le bugie. Nello studio, i bambini sono stati in grado di ingannare la maggior parte dei valutatori. I bambini non sono particolarmente abili nel mentire attraverso i canali verbali e scivolano facilmente rivelando incoerenze nelle loro storie, quindi è qui che puoi davvero coglierli nel sacco.

Il linguaggio del corpo emotivo emesso dai bambini è molto più diffuso. Ad esempio, i bambini usano fare il broncio per dimostrare che sono turbati e delusi ma crescendo, lasciamo cadere i loro segnali non verbali a favore dell'espressione verbale. Naturalmente, con il passare del tempo, diventiamo più abili nel reprimere ciò che fanno i nostri corpi e tendiamo ad usare il pensiero più consapevole e le parole dette poiché sono più dirette e meno facilmente interpretata male.

Ciò che inizia come un rapido movimento di schiaffo alla bocca nei bambini, diventa lentamente un tocco all'angolo della bocca. Successivamente, la moderazione forza il dito lateralmente ancora di più e poi invece di toccare la bocca tocca invece il lato del naso. Con l'avanzare dell'età, gesti di questo tipo diventano molto più difficili da leggere. Per logica progressione, i più difficili da leggere di tutti sono i politici di settant'anni!

Per quanto interessante, i genitori dedicati affermano addirittura di essere in grado di percepire quando un bambino sta per farsela addosso ed evitare così di avere il pannolino sporco. Questa tecnica viene definita comunicazione di eliminazione.

Leggendo gesti come aggrottare le sopracciglia, dimenarsi, agitarsi o tendersi, la madre (o i padri!), in combinazione con i ritmi particolari del bambino, può rilevare quando il tempo di andare nel vasino è immanente. Una volta che i segnali del bambino sono stati decifrati, la madre può portare pian piano eliminare l'uso del vasino tenendo il bambino sopra il water. In questo modo si aiuta il bambino a cambiare abitudini più facilmente.

TECNICHE DI INDAGINI UTILIZZATE DAGLI AGENTI DI POLIZIA

La maggior parte degli agenti di polizia è bene addestrata nella lettura del linguaggio del corpo. Perché? Perché se un criminale sta cercando di farla franca con un crimine, è difficile che ammetta direttamente di averlo commesso! In tal caso, leggere il linguaggio del corpo, analizzare ogni parola che dice e interrogarlo in una maniera specifica, di solito è sufficiente per estorcergli una confessione o per fargli dire qualcosa che lo metta in difficoltà, in modo da poterlo interrogare ulteriormente.

Se pensi al comportamento delle persone quando sono colpevoli di qualcosa o hanno paura/sono spaventati, è totalmente diverso da quello che assumono in situazioni normali, quando sono innocenti e non hanno sensi di colpa. I segnali che indicano colpevolezza includono:

• Irrequietezza, in particolare di mani e piedi

• Assenza di contatto visivo

• Incespicare sulle parole, forse balbettare o ridere/prendere tempo nel rispondere alle domande

• Rifiuto totale di rispondere alle domande

• Braccia incrociate sul corpo o gambe accavallate: è un tipo di linguaggio del corpo che crea una barriera, una posizione di difesa

• Sudorazione

• Pelle del viso arrossata

• Tremore

Quando qualcuno mostra questi segni, alcuni o tutti, è evidente che stia tenendo nascoste alcune informazioni. La maggior parte delle persone cede se messa sotto pressione, quindi gli esperti sanno che se vedono questi segni devono insistere. Se una persona è davvero innocente non cederà e non ammetterà qualcosa che non ha fatto; d'altro lato, se è colpevole potrebbe bastare una piccola spinta per farlo confessare.

Come puoi vedere, in questo caso la capacità di analizzare ciò che una persona non sta dicendo a parole, ma che il suo corpo sta urlando, è estremamente efficace. Non devi essere un membro delle forze di polizia o della CIA per usare queste tecniche, che sono ugualmente efficaci anche nella vita di tutti i giorni.

INFLUENZARE LE DECISIONI DELLE PERSONE

Tutte le interazioni fra soggetti possono sostanzialmente essere racchiuse in due tipologie: simmetriche o complementari. L'interazione simmetrica considera gli interlocutori, per le loro comunicazioni, di pari livello.

L'interazione complementare prevede invece che gli interlocutori non si considerino sullo stesso piano, così la comunicazione si basa su due livelli dove uno degli interlocutori viene messo in una posizione superiore, cosiddetta di one-up, mentre l'altro in una subordinata, definita di one-down. L'azione stessa del persuadere viene inoltre vista anche come un modo diverso di informare: attraverso un maggior livello di informazione puoi portare un individuo o più individui ad avere un altro punto di vista, modificandone così gli atteggiamenti e i comportamenti da loro assunti in precedenza.

Come puoi ben capire, l'uso della parola persuasione risulta molto spesso fuorviante, perché a volte viene vista come un modo scorretto di comportamento, un mero strumento di manipolazione mentale utilizzato per far sì che le persone si comportino e scelgano qualcosa che loro, normalmente, non prenderebbero in considerazione; ma sinceramente, la manipolazione è un fattore inevitabile in ogni genere di rapporto umano.

Devi solo capire chi comincia a manipolare e chi subisce la manipolazione.

Attualmente le persone ricevono una quantità enorme di stimoli e il cervello, per evitare di essere sempre sottoposto a stress, tende a semplificare le decisioni attraverso appositi meccanismi, per ridurre il superlavoro e la conseguente fatica. Senza l'innesco di questo tipo di automatismi saresti continuamente sottoposto a sovraccarichi informativi. Non devi poi trascurare il fatto che anche le recenti innovazioni tecnologiche hanno contribuito a incrementare la quantità di informazioni giornaliere ricevute dalla nostra mente, così la naturale capacità di elaborazione sembra ormai essere diventata insufficiente per gestire tutto ciò.

Vivere nel mondo contemporaneo implica, volente o nolente, una continua esposizione a diversi tipi di pressioni e devi esserne consapevole se vuoi arrivare ad ottenere un qualsiasi tipo di controllo persuasivo per influenzare con la tua comunicazione un cliente, un interlocutore o un amico.

Per esercitare influenza devi quindi essere consapevole che il 95% delle scelte effettuate da ognuno di noi, ovviamente anche da te, matura esclusivamente a un livello inconscio, cioè fuori da quella che è la consapevolezza individuale, condizionata da fattori non razionali ed emotivi.

Riportare tutto ciò a livelli di consapevolezza, non senza fatica, può aiutarti molto sotto diversi aspetti. In questo modo puoi infatti arrivare a conoscere tutte le leve che vengono utilizzate per prendere decisioni e, una volta che saprai identificarle, potrai decidere se utilizzarle o meno a tuo favore oppure potrai semplicemente iniziare a usarle per difenderti meglio dalle pressioni altrui e potrai così conoscere a fondo le dinamiche relazionali di tutti i giorni avendo un vantaggio non indifferente su tutti gli altri.

Arrivati a questo punto ti spiego quali sono i fattori che influenzano una decisione, eccoli elencati qui di seguito:

Principio di scarsità

Quante volte hai letto o sentito dire che una determinata offerta scade solo dopo pochi giorni se non addirittura tra poche ore? Quante volte leggi online sui siti di prenotazione alberghiera che la stanza che stai prenotando è l'ultima rimasta? Oppure che un prodotto che vuoi acquistare, sempre nel settore dell'e-commerce, è uno degli ultimi? Devi sapere che uno dei fattori più utilizzati per esercitare una pressione e per fare in modo che una transazione venga conclusa nel più breve tempo possibile è proprio quello di ricorrere al trucchetto di mostrare una "scarsità", sia essa di tempo, di spazio o di denaro. Ad esempio, questo è un approccio molto usato da siti come Booking e Amazon, ti basterà andare sui loro portali per vedere come questa tattica viene messa in pratica.

Principio di gratuità

Molto probabilmente questa è una leva più efficace perché finisce con lo sviluppare un senso di gratitudine e la sensazione di dover ricambiare; infatti chi riceve qualcosa gratuitamente, in qualche modo, si sente sempre in debito verso chi ha fatto il dono. Devi inoltre sapere che è accademicamente dimostrato da diversi studi che un omaggio offerto ad un cliente di un ristorante (come può esserlo ad esempio un liquore digestivo a fine pasto) può portare ad un aumento delle mance del 23%.

Principio di contrasto

Se in una situazione con due o più opzioni di scelta mostri per prima l'opzione più costosa o più impegnativa, vedrai che ti risulterà più semplice portare la scelta dell'altra persona verso l'opzione meno impegnativa perché il confronto relativo agli sforzi da affrontare rende ancora più convincente l'offerta più economica. Un tipico esempio di questo principio è la strategia di lancio di Apple con i nuovi modelli di iPhone: nonostante il prezzo di questi dispositivi sia oggettivamente alto, presentando tre diverse versioni, una più cara dell'altra, Apple ci porta a pensare che la versione con il prezzo di vendita più basso sia effettivamente economica, se rapportata alle altre due versioni più care.

Principio di autorevolezza

Se vuoi sfruttare questo principio devi dirigere i tuoi sforzi persuasivi nel comunicare le informazioni all'altra persona senza ricorrere ad esagerazioni; devi infatti limitarti a presentare dei semplici dati di fatto che mostrino all'altra persona la tua autorevolezza. Il numero di clienti, i valori di fatturato, la quantità di prodotti venduti o dei servizi erogati, gli anni di esperienza che hai o la qualità delle prestazioni di un determinato bene o servizio sono, ad esempio, tutti effettivi indicatori di autorevolezza.

Principio di sorpresa

Qui devi considerare che un'offerta mostra la sua capacità sorprendente proprio perché inattesa o vantaggiosa. Ti risulterà più facile influenzare una decisione in seguito a una sorpresa, questo perché le persone che l'accettano si trovano temporaneamente incerte sul da farsi e quindi hai maggiori possibilità di convincerle in quel lasso di tempo.

Principio di riprova sociale

Questa è la base del cosiddetto "conformismo", infatti prevede la tendenza a giudicare corretta e adeguata un'azione quando viene effettuata anche da altri soggetti. Se decidi di adottare questa scorciatoia mentale puoi pensare di commettere meno errori, ma devi sempre fare attenzione a non ricorrere alle esagerazioni, pensa ad esempio alle varie sitcom televisive dove senti le risate finte del pubblico, non sempre funzionano vero? Oppure pensa al piattino troppo pieno o troppo vuoto delle mance nei bar. Ci deve sempre essere qualcosa di vero e nella giusta misura se vuoi avere dei vantaggi in ogni tipo di relazione.

Principio di associazione

Se a un'idea, a un prodotto o a un servizio associ un'immagine positiva, risulterà più facile che questa idea, prodotto o servizio riscontrino una preferenza. Ad esempio, puoi notare come nella pubblicità si preferisca abbondare con le metafore, con i messaggi positivi e con la presenza di persone di bell'aspetto, proprio per questo semplice principio. Se associ un prodotto a una bella donna, resterà impresso in maniera positiva nella mente maschile, e così via.

Principio di coerenza

Quando proponi o vendi qualcosa non devi mai chiedere un impegno concreto fin dall'inizio ma devi far procedere l'altra parte a piccoli passi. Proporre un periodo di prova o uno sforzo minimo non troppo vincolante ti permette di acquisire maggiore fiducia e farà sì che il potenziale cliente, acquirente, contraente, possa toccare con mano quello che potrà ottenere alla fine, o parte di esso.

Andiamo ora a concentrarci su una realtà che è un po' diversa, ossia la comunicazione online, che merita una sezione a parte perché come puoi ben capire si basa su fattori diversi; esclude, ad esempio, il contatto visivo o la postura. Ogni giorno ti trovi a dover affrontare diverse decisioni, scelte che possono arrivare ad avere un impatto maggiore o minore sulla tua esistenza. Sei chiamato a scegliere costantemente tra prodotti, marchi, sapori, odori, paesaggi, se correre qualche rischio oppure no. Questo fenomeno porta a un paio di domande:

- Come può un prodotto distinguersi da tanti altri?
- Quali sono i principali fattori che portano una persona a scegliere?
- Come decidono ad esempio le persone quando navigano online?

Se vuoi attirare un maggior numero di persone verso la tua idea, verso la tua offerta, devi assolutamente riuscire a capire che cosa vuole l'internauta e come poter entrare nei suoi favori. Qui di seguito ti aiuto a comprendere i processi mentali che una persona esegue quando prende una decisione e quali sono i principali fattori che condizionano tale scelta.

Negli ultimi tempi la pubblicità ha ottenuto sempre più importanza nelle decisioni di tutti noi, anche nelle tue, portandoti spesso a dover scegliere tra il prodotto proposto dai diversi media e quello che ti viene invece consigliato da un amico.

Siamo sempre più consumatori, con tutti gli aspetti positivi e negativi del caso che non andremo ad affrontare in questo testo. Vengono effettuati sempre più investimenti in questo settore e inevitabilmente è anche più facile fare la scelta sbagliata, diminuendo di conseguenza la nostra fiducia nelle marche.

Tutto questo dover scegliere ti porta anche ad agire diversamente, a essere maggiormente informato e, allo stesso tempo, a essere più scettico e con uno sguardo critico su tutto. L'aumentare di occasioni in cui dover scegliere ti ha cambiato e ha modificato anche il tuo modo di prendere decisioni. Ora cerchi un numero maggiore di informazioni, fai più paragoni e valuti l'attendibilità delle opinioni e delle recensioni su prodotti, soprattutto se richiedono un certo tipo di sforzo economico.

Mi sembra doveroso evidenziare il fatto che l'avere una maggior disponibilità di opzioni non significa affatto avere più possibilità di effettuare la scelta migliore. Anzi, è molto probabile che accada esattamente il contrario e che l'ennesima scelta sbagliata finisca con il compromettere il tuo benessere. Quindi puoi anche vederla in questi termini: fornendoti gli strumenti per la comprensione di tale materia ti aiuto a scegliere nel tuo interesse e, allo stesso tempo, ti sto fornendo un vademecum per il tuo benessere.

Secondo diversi studi recenti circa il 90% delle persone assume decisioni basandosi sulle recensioni online. Inoltre, il 58% dei soggetti analizzati ha comunicato di sentirsi maggiormente propenso, rispetto a cinque anni fa, nel condividere le sue esperienze sul web tramite recensioni online sui siti o nei social, anche quando non richiesto. Non devi poi trascurare il fatto che chi percepisce di aver avuto un'esperienza negativa, sempre in base alla scelta effettuata, è propenso a lasciare un feedback negativo, dagli account dei social network.

C'è qualcosa che influenza le decisioni online e il modo in cui le persone fanno le loro scelte. Oltre alla qualità del prodotto e alla reputazione del venditore, ci sono altri elementi che contribuiscono al processo decisionale:

Recensioni online

Sei sicuramente più propenso a fidarti di uno sconosciuto che ha testato un prodotto e ha voluto condividere la sua esperienza online, che ascoltare solo il parere presentato dal brand. In alcuni casi le recensioni online sono lo strumento di marketing più importante. Su siti di prenotazioni di servizi, le recensioni dei clienti sono molto importanti tanto da influenzarne la posizione nelle loro classifiche.

Fluidità cognitiva

Le persone tendono a scegliere qualcosa che è familiare o facile da capire, nel desiderio di mantenere le cose semplici. Un esempio esplicativo consiste nei piani illimitati della telefonia mobile. Ricorrendo al termine "illimitato" si semplifica il prodotto e lo si rende più facile da assimilare nella mente del potenziale cliente. Secondo la teoria della fluidità cognitiva, se hai avuto un'esperienza positiva hai maggiori possibilità di ripeterla piuttosto che rischiare di perdere tempo alla ricerca di qualcosa di nuovo. "Chi parte sa quello che lascia ma non quello trova", come amava ripetere il personaggio di Lello Arena a quello di Massimo Troisi in "Ricomincio da tre!". In questo modo si spiega il motivo per cui compri gli stessi prodotti più e più volte al supermercato e ordini spesso lo stesso piatto al ristorante.

Decisioni emotive

Le nostre decisioni arrivano dal subconscio e spesso non capiamo perché abbiamo adottato una specifica scelta. Risulta quindi molto importante collegare un'idea, una versione, un prodotto, insomma quello che ti viene offerto a un'immagine che possa suscitare sensazioni positive.

COME RICONOSCERE UNA MENZOGNA

La sincerità è contraria alla nostra natura? Il linguaggio del corpo ci aiuta a rivelarla. Ma perché siamo tanto bugiardi? E perché, pur essendolo, adoriamo in modo così evidente chi è sincero? Nessun altra specie passa tanto tempo a ingannare gli altri quanto noi. Il trucco sta tutto nella nostra natura sociale e quindi nel nostro cervello.

Neocorteccia e menzogna

L'intelligenza permette di fare tante belle cose, e la nostra razza ne sa qualcosa. Una delle più importanti è il mentire. Vero, non occorre un cervello molto svilupparlo per ingannare gli altri, basta vedere le piante carnivore quanto sono abili ad attirare gli insetti.

Ma ingannare volontariamente è un'altra cosa. Per riuscirci bisogna avere la capacità di prevedere le reazioni altrui, anticiparle e quindi mentire. Un compito davvero difficile, che rende i bugiardi più scaltri e astuti degli onesti.

Il cervello di alcuni animali, come i carnivori (cani, gatti ecc.) e i primati (scimmie e noi) ha sviluppato una parte molto complessa, nota come neocorteccia. Questa è la sede di funzioni molto avanzate, come l'elaborazione di emozioni complesse (paura, rabbia, disgusto, gioia, tristezza e sorpresa sono comuni a tutti gli animali vertebrati. Le più avanzate come amore, odio, rancore, orgoglio, vergogna sono molto più rare) e di quello che indichiamo con logica e ragionamento. Più la neocorteccia è sviluppata, più queste doti sono estese.

In una specie intelligente come la nostra, tutto questo si traduce con un'incredibile capacità di inganno. I più abili a farlo, come gli attori, sono pressoché impossibili da "smascherare". Non è un caso che il mentire sia detestato da tutte le società e punito sin dai primi codici delle leggi (basta considerare i 10 comandamenti!).

Ma allora, perché mentiamo? E soprattutto, è possibile svelare un inganno?

Le ragioni del bugiardo

Mentire non è un'azione del tutto negativa. Se così fosse, solo i più abietti tra noi lo farebbe, mentre al contrario tutti, eccetto chi ha seri problemi mentali, mentiamo. Senza la bugia la nostra stessa società si frantumerebbe!

Per essere più corretti, è bene distinguere i vari tipi di bugie. Ne esistono fondamentalmente due: le bugie vere e proprie (alterazione della verità) e le omissioni (nascondere la verità). Facciamo un esempio. Mettiamo che un marito sia andato a vedere la partita dagli amici (cosa che la moglie non sopporta) e abbia detto alla consorte di avere un impegno di lavoro fino a tardi. Quando ritorna a casa, la moglie si insospettisce e lo interroga:

Moglie: "dove sei stato?"

Marito: "al lavoro" (bugia vera e propria).

Moglie: "non è vero, ho telefonato e non c'eri"

Marito: "e va bene, è vero, sono uscito prima e ho visto degli amici" (non dice che ha visto la partita).

Per molti, la seconda NON è una bugia, perché non c'è alterazione di verità. Ma questo non è vero, appunto, in quanto la moglie in questione immaginerà una situazione molto diversa rispetto a quella reale. Di fatto, così facendo, il marito ha mentito in tutti e due i casi.

Perché per molte persone questa non è una bugia? Semplicemente perché tutti utilizziamo questo modo di esprimerci, e avendoci insegnato che mentire è sbagliato, non vogliamo sentirci in colpa. La verità è che siamo tutti bugiardi. Senza le omissioni e le alterazioni non avremmo né amici né colleghi, perché litigheremmo con chiunque! Provate a immaginare di dire tutta la verità a chi incontrate per strada. In un film, Bugiardo Bugiardo, con Jim Carrey, il protagonista è colpito da questa "maledizione": dire sempre la verità, a qualsiasi costo. La sua vita si trasforma in un inferno tragicomico, in cui tutto sembra rivoltarglisi contro.

Quindi, se la verità è così terribile, perché la ricerchiamo? E possiamo davvero scovarla?

Il potere del linguaggio del corpo

Sì, tramite il linguaggio del corpo è possibile riuscirci. Questo perché il nostro cervello non è solo complesso. In certi casi è troppo complesso, e noi stessi non siamo talvolta in grado di controllarlo.

Ecco cosa accade: qualcuno ci chiede come va.

La nostra giornata è stata pessima, ma non vogliamo essere sinceri perché quando ce lo chiedono siamo abituati a fingere che tutto funzioni bene.

Attiveremo quindi la neocorteccia che dovrà elaborare una bugia e rispondere "tutto bene, grazie". Ma per farlo occorre tempo (decimi di secondo, non ore!). L'istinto è molto più rapido della neocorteccia, pensiamo ad esempio quanto ci occorre a schivare un pugno e quanto ci servirebbe se dovessimo prima ragionarci su, magari pensando "arriva un pugno. Meglio schivarlo. Mi sposto verso destra?" Mentre ci pensiamo, siamo già belli e colpiti. Quindi, si attiva il cervello istintivo, più antico e massiccio della neocorteccia, e prende il controllo, schivando l'attacco.

Quando dobbiamo mentire, accade la stessa cosa: la parte istintiva è pronta a dire la verità, la neocorteccia però la corregge con una bugia. Ma, come abbiamo detto, l'istinto è più rapido. Risultato? La voce dirà "tutto bene" ma il corpo esprimerà il disagio.

Lo fa poco e in fretta, ovviamente, o non servirebbe a nulla saper mentire. Ma in qualche modo lo fa sempre, nessuno può mentire con tutto il corpo.

In parole povere: vogliamo sempre dire la verità per istinto, ma non lo facciamo mai, il che è un bene per la nostra stessa sopravvivenza. Possiamo però smascherare i bugiardi, se sappiamo dove guardare!

Capire se una persona è onesta o sta mentendo può cambiare radicalmente l'esito del confronto, sia nella vita privata che in quella professionale.

Quante volte anche voi vi sarete chiesti davanti a un potenziale cliente:

1.Ma è interessato a ciò che sto proponendo o non gliene frega niente?;

2.L'obiezione che ha sollevato è reale o mi sta nascondendo la verità?;

3.È vero che la concorrenza gli ha offerto condizioni migliori o mi sta prendendo in giro?

Ovviamente, capire se una persona è onesta o sta mentendo può tornarci molto utile anche nella vita privata... Perciò, andiamo a svelare alcuni indizi fondamentali per individuare gli "indicatori della menzogna".

Cerchiamo di fare chiarezza sui "modi di mentire" e sui "segnali non verbali della menzogna". Inoltre, vedremo un esempio di bugia telefonica tratto direttamente da un'esperienza personale.

Come già detto: tutti noi mentiamo, addirittura frequentemente, magari senza accorgercene.

E vi dirò di più, non mentiamo solo per questioni di vitale importanza, ma anche quando la nostra sfera emotiva viene invasa o la stima nei nostri confronti viene minacciata da qualche evento, soprattutto in ambito lavorativo.

Spesso diciamo bugie per mantenere inalterata l'idea positiva che gli altri si sono fatti di noi. Preferiamo risultare simpatici ed estroversi che non timidi ed insicuri, pur andando contro alla nostra vera natura.

Mentiamo per timore di perdere denaro e oggetti preziosi, per paura di una punizione, per paura di essere rifiutati o per evitare di ferire gli altri.

Non tutte le menzogne sono dannose, anzi. In alcune circostanze mentire è la soluzione migliore per proteggere la propria intimità dalla malizia altrui o per evitare inutili conflitti.

Chi dice più bugie?

Tra uomini e donne, almeno qui, sembra esserci parità.

Entrambi i sessi mentono allo stesso modo, ma con diverse finalità: gli uomini per pavoneggiarsi e apparire migliori, le donne solitamente per non offendere le altre persone. Uomini e donne, allo stesso modo, tendono a raccontare meglio una bugia a qualcuno dello stesso sesso.

Per quanto riguarda l'aspetto caratteriale, invece, è stato dimostrato che le persone sicure di sé, estroverse ed esibizioniste mentono con più disinvoltura rispetto alle persone timide e ansiose.

Infine, per quanto riguarda il mondo del lavoro, è stato rilevato che chi esercita professioni in ambito commerciale tende a ingigantire le caratteristiche dei prodotti/servizi che andrà a proporre ai clienti, per ovvie finalità di business.

I "segnali di menzogna" svelati dal Linguaggio del Corpo

1) Viso: non è per niente semplice mantenere l'autocontrollo mentre si dice una menzogna e il nostro volto è proprio il primo a tradirci. La sensazione d'ansia provata in quel momento provoca delle microespressioni facciali involontarie. Diversi studi hanno dimostrato che chi mente tiene il mento sollevato e le sopracciglia leggermente alzate.

2) Occhi: uno dei segnali più tipici della menzogna è lo sguardo sfuggente.

Quando una persona si sente in colpa per aver appena detto una bugia e ha paura di essere scoperta, non riesce a guardare negli occhi gli altri, puntando lo sguardo altrove. Anche chi si sforza di tenere gli occhi fissi sull'interlocutore, prima o poi cadrà nel tranello di osservare un oggetto insignificante, distogliendo in ogni caso lo sguardo dall'obiettivo principale. Altri elementi indice di menzogna sono l'aumento della dimensione delle pupille, il cambiamento di frequenza con cui sbattiamo le ciglia e il tremolio delle palpebre.

3) Bocca: la lingua tenderà a sfiorare o a passare da una parte all'altra il labbro inferiore a causa della secchezza delle fauci provocata dall'ansia. Un altro segnale significativo di menzogna consiste nello spingere velocemente la punta della lingua fuori dalla bocca. In questo caso il bugiardo è quasi pronto a gettare la spugna per dire la verità. Chi mente, inoltre, comprime spesso le labbra, deglutisce continuamente e sorride in modo asimmetrico.

4) Voce: le menzogne possono essere smascherate anche dalle variazioni vocali. Chi mente emette un suono della voce più acuto, quasi strozzato ed evidentemente ansioso. Molto spesso la voce risulta metallica e afona. Se la bugia è accompagnata dal senso di colpa, invece, il timbro si farà più basso e sospirato.

5) Gestualità: chi mente solitamente gesticola meno rispetto alle normali interazioni, sia perché è molto concentrato su ciò che sta dicendo, sia perché riducendo i gesti si sente meno esposto alle minacce. A volte mette le mani in tasca o sotto le cosce, evitando di avvicinarle al viso. Diversamente, chi dice la verità è più rilassato e gesticola in modo fluido, portando le dita verso il volto. Chi mente, inoltre, tiene spesso le mani unite e vicine al busto o muove con moderazione la testa. Può anche aumentare la frequenza con cui si tocca un oggetto: molti accartocciano o tirano il lembo della maglia, ad esempio. Chi mente, infine, tende a strappare le pellicine dalle unghie e se ha le gambe coperte tenta la fuga muovendo i piedi.

Sei un venditore e vuoi smascherare un cliente bugiardo? Ti accorgerai che non è interessato ai tuoi prodotti quando indietreggerà sulla sedia con le braccia conserte o quando alzerà una barriera tra di voi in fase di trattativa. Magari vi ascolterà, ma con un atteggiamento distaccato, quasi sfuggente.

Vuoi smascherare un collega bugiardo? Sicuramente riuscirai a percepire il suo nervosismo nel momento in cui comincerà ad agitarsi sulla sedia, cambiando spesso la posizione del tronco e delle gambe, come se volesse scappare da quella situazione.

Tutti noi mentiamo, lo conferma anche Robert Feldman, famoso psicologo americano.

Il 60 % di noi, addirittura, mente una volta ogni dieci minuti di conversazione, un dato davvero sorprendente.

Grazie a uno studio approfondito della Comunicazione non Verbale, possiamo imparare a capire chi mente e a smascherare le sue intenzioni più o meno negative, sia nella vita privata che nella sfera lavorativa.

LA CHIAVE PER SUCCESSO

Il carisma

Sono già molti anni che la scienza ha spiegato in modo molto chiaro come funziona tutto questo.

Molti anni fa si credeva che l'argomento essenziale per avere successo fosse quello di avere un alto quoziente intellettivo (QI) ma nel tempo ci si è accorti che avere un alto livello di questo indicatore non aveva alcuna relazione con il successo delle persone.

Quindi piuttosto che parlare di quoziente intellettivo bisognerebbe iniziare a parlare di QUOZIENTE CARISMA.

Il carisma in realtà è un gruppo di 4 abilità che tutti noi possiamo imparare, sviluppare e padroneggiare. Queste sono:

- Capacità di relazione

- Abilità sociali

- Capacità di comunicazione

- Aumentare influenza e persuasione

Investire oggi per migliorare il nostro carisma è una delle scelte più importanti che possiamo fare per avere successo.

E' indispensabile nel mondo del business e degli affari, nelle negoziazioni, sia al lavoro che nella vita privata, nella leadership, nelle relazioni personali e sentimentali, ci aiuta a comunicare con più impatto ed è la chiave per innalzare la nostra influenza.

Perché ci sono delle persone che lasciano il segno anche se non aprono bocca e altre invece passano del tutto inosservate?

Ti sarà sicuramente capitato di incontrare qualcuno che ha catturato la tua attenzione anche se non l'hai neanche sentito parlare.

Che cos'è che rende queste persone indimenticabili?

Come mai appaiono diverse dalle altre?

E tu, ti sei mai chiesto cosa pensa di te la gente quando ti vede? Passi del tutto inosservato o lasci il segno?

Pensa a quando è stata l'ultima volta che hai parlato con qualcuno... Cos'hai trasmesso? Hai tramesso fiducia? Hai tramesso sicurezza in te stesso?

Oppure il contrario...

Vuoi alzare l'asticella del tuo Quoziente carisma?

Ma cos'è esattamente il carisma?

Il carisma è quella capacità di ispirare entusiasmo nelle persone e ispirare interesse attraverso la propria influenza.

Le persone carisma hanno tre caratteristiche comuni: sono più influenti, più persuasive e ispirano fiducia.

Le persone sono magneticamente attratte da loro e sono disposte a seguirli nei loro progetti, nelle loro idee e ad acquistare i loro prodotti o servizi.

Il carisma porta le persone ad apprezzarti, a fidarsi di te e a riconoscerti come leader.

Vengo in contatto quotidianamente con tantissime persone diverse, e posso dire con grande certezza, che oggi tutti, dalla casalinga all'imprenditore, dall'operaio al dirigente, tutti desiderano essere più carismatiche ed avere un'influenza positiva sugli altri.

La domanda interessante è: "Si può imparare il carisma?"

Oggi fortunatamente la psicologia dispone di tutte le chiavi per spiegare ed insegnare il carisma. Il carisma è un'abilità sociale e, in quanto tale, può essere appresa.

Non ha nulla a che fare con la nostra personalità, con lo stile, con il titolo professionale né tantomeno con la bellezza o status economico. O sul fatto che tu sia estroverso o timido.

Non è una dote magica o innata.

Ti è mai capitato di sentirti completamente a tuo agio e padroni di una situazione? O di vivere un momento in cui tutti le persone sembravano rapite da te, anche solo per un istante?

In quel momento hai messo in atto, forse in modo del tutto inconsapevole, una serie di comportamenti che ti hanno portato ad innalzare il tuo carisma.

Sfortunatamente però, quando capitano questi episodi, pensiamo solo che siano degli occasionali momenti di fortuna di cui non sappiamo neanche dare una spiegazione. Raramente leghiamo quegli episodi ad una nostra manifestazione di carisma.

E questo è un gran peccato perché proprio in quel momento eri sulla strada giusta per riconoscere dei comportamenti verbali, non verbali e di attitudine che ti avevano messo sulla strada giusta del carisma.

Ecco perchè finiamo per credere a tutta una serie di falsi miti sul carisma.

Alcuni pensano che il carisma sia un dono innato. Altri che, o ci nasci, oppure non puoi farci niente. O che gli introversi non possono essere carisma. O che per essere carisma bisogna essere brillanti.

Il carisma invece è molto, molto lontano da questi stereotipi.

Questo argomento, circondato da un'aura di incredibile mistero, è finito sotto la lente d'ingrandimento della sociologia, della psicologia, delle scienze comportamentali ed è stato studiato in tutti i modi possibili.

Questi studi hanno preso in esame presidenti, capi militari, studenti, dirigenti e amministratori delegati.

E la conclusione di queste ricerche è che il carisma, altro non è che un insieme di comportamenti, un insieme di competenze relazionali, competenze emotive e di precisi comportamenti non verbali, cioè di linguaggio del corpo.

Se ci pensi, le implicazioni di questi studi sono incredibili. Ci dicono che chiunque di noi, conoscendo questi comportamenti, e mettendo in atto queste azioni in modo consapevole, può aumentare il proprio livello di carisma.

Questi studi ci dicono che nostro il livello di carisma è fluttuante, e che la sua presenza o assenza dipende dalla nostra scelta di esibire o meno questi comportamenti.

Ci sono 3 chiavi fondamentali che devi conoscere. Immaginale come un cruscotto con tre leve che puoi muovere a tuo piacimento.

Queste tre chiavi sono: il Potere, il Calore e la Presenza.

Azionate insieme generano la più potente delle equazioni dell'impatto e dell'influenza: Il CARISMA.

Ad un colloquio di lavoro

Molto spesso la selezione del personale, soprattutto nel caso di grandi aziende, viene affidata ad agenzie del lavoro esterne e specialisti nel settore delle risorse umane, figure che possiedono una formazione ad hoc per valutare la comunicazione non verbale dei candidati per una determinata posizione lavorativa. Ormai il colloquio di lavoro non si limita più ad una mera elencazione delle proprie esperienze, competenze e titoli di studio: è indispensabile, da parte del potenziale datore di lavoro, valutare con attenzione i numerosi fattori che possono offrire una panoramica quanto più accurata sulle caratteristiche caratteriali e comportamentali dei candidati, per capire se saranno o meno in grado di portare a termine con profitto i compiti che saranno affidati loro e se si riveleranno elementi affidabili, validi e leali. Molto spesso, durante un'esaminazione, viene creata appositamente una situazione di stress e vulnerabilità (come la rimozione di tavoli sotto ai quali nascondere la parte inferiore del corpo) per saggiare con maggiore precisione le reazioni dei candidati a determinate situazioni e domande;

sarà fondamentale, allora, imparare a controllare le reazioni del proprio corpo prima che queste possano essere recepite e registrate da chi ci sta di fronte ed intaccare irrimediabilmente il giudizio che verrà elaborato sul proprio conto: ciò non vuol dire eradicare, o sopprimere le proprie emozioni allo scopo di diventare degli automi insensibili, ma imparare a controllarle e gestirle affinché possiamo filtrare attivamente e consapevolmente ciò che gli altri percepiscono di noi. È normale e fisiologico provare imbarazzo o tensione durante un esame o un colloquio, ciò che possiamo imparare è monitorare il nostro corpo ed i suoi movimenti, al fine di trasmettere dei messaggi che vadano, per quanto possibile, a favore di un'impressione positiva.

Dunque, le chances di fare una buona impressione su una commissione esaminatrice dipendono solo in parte dal proprio curriculum: avere un profilo perfetto su carta non compenserà un'impressione negativa.

Per prepararci al meglio ad un colloquio di lavoro dovremo considerare una serie di fattori di fondamentale importanza per suscitare una reazione positiva nei nostri interlocutori, nell'arco dei pochissimi minuti a noi a disposizione.

Durante il colloquio gli esaminatori o lo stesso datore di lavoro tenteranno di carpire quanti più elementi per definire un quadro del nostro profilo caratteriale: capita spesso che, sottoposti ad una situazione straordinaria di stress, si possa suscitare un'impressione fuorviante, che poco rispecchia la nostra reale personalità e che non renda giustizia delle nostre migliori qualità. Sviluppare un maggiore autocontrollo ci consentirà di filtrare e controllare adeguatamente le esternazioni del nostro stato emotivo. Ma come prepararci al meglio al fine di suscitare la migliore impressione possibile? Su quali elementi focalizzare la nostra attenzione?

Aspetto e look

Il primo punto sul quale occorre focalizzare la propria attenzione è la scelta della tipologia di abbigliamento da adottare e la cura dell'aspetto: anche questi si configurano a pieno titolo come fattori della comunicazione non verbale. Capita spesso che si attribuisca, forse, un peso eccessivo e improprio al mero dato estetico: d'altronde è vero il detto "l'abito non fa il monaco"; tuttavia sarebbe impensabile presentarsi ad un colloquio di lavoro presso una grande azienda, magari con l'ambizione di ottenere un ruolo di responsabilità e di prestigio, in tuta, in bermuda oppure in un abito da sera; sarebbe un'evidente e palese dimostrazione della mancanza di comprensione dei codici sociali e della buona educazione, dunque un pessimo biglietto da visita. Naturalmente la scelta della tenuta da indossare dovrà essere in linea con il ruolo per cui ci stiamo candidando: sarebbe eccessivo presentarsi ad un colloquio per selezionare baristi in giacca e cravatta, basterà un abbigliamento casual; mentre, se la posizione a cui ambiamo è di tipo dirigenziale, sarà opportuno optare per un abbigliamento più formale, che rispetti il vestiario tipico dell'ambiente in cui ci si vuole inserire.

Ciò che dobbiamo trasmettere con il nostro aspetto è un senso di affidabilità e serietà: quindi può essere una buona scelta optare per un look sobrio, senza elementi che attirino troppo l'attenzione, ma senza neanche apparire sciatti o trasandati. Evitare capigliature esuberanti, sopra le righe, oppure, per le donne, un trucco eccessivo o inadeguato.

La stretta di mano efficace

La prima interazione interpersonale in ambito lavorativo è costituita, solitamente, da una stretta di mano: da questo gesto veloce ed apparentemente banale è possibile procedere all'identificazione di una serie di elementi caratteriali di grande rilevanza. Una stretta di mano debole ed insicura, magari anche sudata, sarà interpretata come indice di un carattere altrettanto remissivo: è importante, perciò, stringere la mano dell'altro con fermezza e sicurezza, porgendo la propria con il palmo rivolto verso l'alto, con un gesto che trasmetta disponibilità e fiducia; evitare di esercitare una forza eccessiva sulla mano dell'altro, come anche di far durare la presa troppo a lungo. Durante questo passaggio è importante, anzi fondamentale, sorridere e guardare negli occhi la persona con la quale stiamo interagendo. Una volta terminato il colloquio, non dimenticare di stringere nuovamente la mano a tutti i presenti.

Mantenimento del contatto visivo

Il mantenimento di un corretto contatto visivo costituirà un elemento da tenere in debita considerazione per tutta la durata del colloquio: come abbiamo sottolineato in precedenza, si tratta di un fattore di estrema importanza nella comunicazione non verbale.

É fondamentale mantenere un contatto costante ma non insistente, evitando di guardare fisso negli occhi per troppo tempo oppure di squadrare il proprio interlocutore dall'alto in basso;

è necessario, inoltre, fare attenzione a non evitare mai lo sguardo dei propri esaminatori, distogliendolo da loro figura per guardare in basso oppure in un'altra direzione: è un gesto che potrebbe essere interpretato come sinonimo di debolezza, ansia o timore.

Assunzione della postura corretta

L'atteggiamento posturale costituisce uno degli aspetti fondamentali da tenere in considerazione, dal momento che sarà percepito come un indice del nostro stato emotivo e delle nostre peculiarità caratteriali.

Al fine di suscitare la migliore impressione possibile, è importante, quindi, assumere una postura corretta: mantenere la schiena dritta ma non eccessivamente rigida, il petto all'infuori e la testa alta: le parti del nostro corpo dovranno essere disposte in maniera simmetrica, in modo da evitare l'assunzione di posizioni scoordinate.

Bisognerebbe evitare di incurvare la schiena e di abbassare il capo verso il basso, chiudendo il petto: si tratta di una postura che potrebbe trasmettere una sensazione di chiusura, diffidenza o timore, impressioni da evitare a tutti i costi durante un colloquio.

Inclinare leggermente il corpo in avanti nella direzione dei nostri interlocutori, protraendo ed inclinando la testa piegando il collo, ma mantenendo comunque una postura composta, è una posizione che denota reattività e partecipazione: ci aiuterà ad apparire realmente coinvolti nella discussione e attenti alle parole del nostro interlocutore.

È importante che la postura corretta venga assunta con naturalezza, disinvoltura e che risulti sempre spontanea: sembrare troppo rigidi e tesi può suscitare l'impressione di essere eccessivamente preoccupati per la buona riuscita del colloquio; adottando un atteggiamento eccessivamente impostato e teso, potremmo, addirittura, risultare persone arroganti e piene di sé.

Un atteggiamento posturale corretto costituirà un biglietto da visita fondamentale, ci farà percepire come persone sicure, attente ed affidabili.

Nel caso in cui fossimo chiamati a muoverci nella stanza nella quale viene effettuato il colloquio, dovremo valutare con attenzione le distanze da interporre tra noi e gli astanti, evitando di avvicinarci oppure allontanarci troppo dal nostro interlocutore e rispettando le distanze di prossemica più opportune per la situazione: è consigliabile porre tra sé e gli altri una distanza compresa tra un metro ed i tre metri, tipica della cosiddetta distanza sociale. Avvicinarsi troppo sarà, infatti, interpretato come un gesto indiscreto ed inopportuno; mentre tenere una distanza eccessiva sarà indice di un atteggiamento spaventato e timoroso.

Evitare di incrociare o divaricare troppo braccia e gambe

Durante il colloquio, occorrerà evitare di accavallare le gambe ed incrociare le braccia, ma anche di aprirle eccessivamente: l'ideale sarebbe mantenere le gambe parallele tra loro ma non troppo distanti l'una dall'altra. Il movimento e la posizione delle braccia e delle mani dovrebbe essere naturale e variare a seconda del momento: mentre parliamo sarebbe opportuno che le mani accompagnassero le nostre parole per enfatizzarle, stando attenti a non gesticolare in maniera eccessiva; quando ascoltiamo potrebbero essere appoggiate sulle nostre gambe o eventualmente sui braccioli della sedia o sul tavolo che abbiamo di fronte.

Bisogna sempre evitare, comunque, di sembrare eccessivamente ingessati stando immobili: modificare leggermente la propria posizione nel corso dell'intervista denoterà uno stato d'animo rilassato e sicuro. Non è necessario, dunque, mantenere gli arti nella medesima posizione per tutto il tempo, darebbe l'idea di eccessiva tensione e sarebbe, in ogni caso, eccessivamente difficile. Incrociare braccia o gambe per qualche istante non costituirà un grande problema, ma evitiamo di mantenere questa posizione per troppo tempo, in quanto, come abbiamo visto, è un gesto che denota chiusura nei confronti dell'interlocutore e potrebbe essere letto come indice di timore o ansia.

Evitare movimenti che facciamo trasparire nervosismo

Al fine di evitare di apparire eccessivamente agitati o preoccupati, è importante evitare gesti che possano denotare stress, nervosismo o preoccupazione, soprattutto con le mani e con i piedi.

Giocherellare con i capelli o con un piccolo oggetto, sfregarsi le mani, contorcere parte degli indumenti, mangiarsi le unghie...sono tutti comportamenti che potrebbero indurre i nostri osservatori a giudicarci eccessivamente tesi ed ansiosi; questo costituirebbe un elemento molto negativo nella delineazione della nostra valutazione. Anche muovere continuamente i piedi, battendo ritmicamente la punta o i talloni ad esempio, potrebbe essere interpretato come un indice di impazienza ed agitazione. Bisogna, inoltre, evitare di mettere le mani in posizioni anomale, come ad esempio sotto le ginocchia, dietro la schiena o tra le gambe: è considerato un atteggiamento proprio di chi voglia nascondere qualcosa.

È necessario possedere un certo autocontrollo per gestire questi movimenti, che spesso sono involontari e si sottraggono al nostro controllo cosciente; è importante, quindi, mantenere rilassati gli arti durante tutta la durata del colloquio, contrastando anche l'impulso di toccarsi altre parti del corpo con le mani, come, ad esempio, quello di portare le mani al volto o alla testa, oppure di sfregarsi le braccia o le gambe; è fondamentale che le mani siano tenute libere e che seguano in modo naturale il corso della conversazione, accompagnando ed enfatizzando le nostre parole.

È possibile trasmettere nervosismo anche per mezzo della propria mimica facciale: è importante, dunque, controllare costantemente l'espressività del proprio volto, mantenendolo rilassato e ricettivo agli stimoli che captiamo, evitando di mettere in atto movimenti nervosi e tic, come ad esempio

62

sorridere in maniera tesa, serrare le labbra, sbattere incontrollatamente le palpebre, aggrottare eccessivamente le sopracciglia e così dicendo.

La mimica facciale dovrà, al contrario, comunicare uno stato d'animo quanto più sereno e positivo: un volto sorridente e sereno rappresenta certamente un buon biglietto da visita; attenzione, però, a non esagerare. Abbiamo visto come sia facile valutare l'insincerità di un sorriso: è fondamentale allora cercare di adeguare le proprie espressioni facciali a seconda dell'andamento della conversazione, sorridendo solo quando lo si reputi consono ed il momento lo permetta.

Mantenere un tono di voce adeguato

Andiamo adesso a valutare alcuni degli aspetti relativi alle comunicazione para-verbale, da tenere in debita considerazione durante un colloquio di lavoro: come abbiamo già avuto modo di sottolineare, è importante, al fine di coinvolgere il proprio interlocutore e veicolare in modo convincente un messaggio, modulare le caratteristiche vocali del proprio parlato nel corso della conversazione, evitando un tono di voce che possa risultare freddo ed impersonale: sono da evitare l'adozione di una voce monotona e cantilenante, come anche eccessivamente squillante ed esuberante. Il volume andrebbe mantenuto nella media: parlare troppo forte potrebbe essere interpretato come un indice di eccessiva sicurezza di sé, mentre, al contrario, un volume troppo basso potrebbe denotare timore. È importante anche modificare il proprio tono ed il proprio registro linguistico a seconda del contesto, adeguandosi alla situazione specifica: evitare di sembrare troppo formali ed impostati quando i propri interlocutori abbiano la chiara intenzione di impostare una comunicazione più informale per metterci a nostro agio; di contro, valutare sempre l'opportunità di utilizzare un tono ed un lessico eccessivamente famigliare, se non viene adottato dagli stessi esaminatori.

L'attuazione di questa sorta di "decalogo", ci consentirà di aumentare le possibilità di suscitare un'ottima prima impressione, la quale, insieme alle nostre qualifiche ed ai nostri titoli, ci consentirà di ottimizzare le nostre possibilità di essere notati e, auspicabilmente, selezionati dagli esaminatori.

Si tratta di una serie di consigli da poter applicare tranquillamente anche in situazioni sociali differenti, eventualmente adattandoli a seconda del contesto.

63

Costituiscono buone pratiche da adottare, ad esempio, nel corso di un esame, di un incontro di lavoro formale oppure, più in generale, quando abbiamo a che fare con persone che non conosciamo o con le quali non abbiamo confidenza sulle quali vogliamo fare una buona prima impressione.

IN AMORE

Qual è il modo migliore per relazionarsi in amore in maniera sincera o per far capire alla persona che ci interessa il nostro desiderio di flirtare? Naturalmente con il linguaggio del corpo. Ad esempio in amore è il linguaggio più sincero che c'è. Non importa quante parole d'amore vi dirà il vostro partner, se vi ama davvero lo capirete dal suo linguaggio del corpo. Non scoraggiatevi se la vostra dolce metà non vi dice mai cose dolci, magari le parole non sono il suo forte ma non contano poi così tanto se dal linguaggio del suo corpo e dai suoi gesti potete capire che vi ama davvero. Un gesto vale più di mille parole si usa dire, e niente è più vero che nell'ambito affettivo e dell'amore. Tra due innamorati è molto più importante un contatto fisico, la presa di una mano, un abbraccio, un tocco, piuttosto che molte parole. Comunica più amore uno sguardo piuttosto che molte parole che vengono dette. Si dice infatti che due persone che si amano si riconoscono in mezzo alla folla per come si guardano.

Il contatto fisico è molto importante in amore. Abbracciatevi spesso.

A volte, quando il vostro partner sta male e ha bisogno di essere consolato, abbracciatelo. Potete anche risparmiarvi molte parole che magari si dimenticherebbe poco dopo, piuttosto abbracciatelo. L'abbraccio è il metodo per sentirsi più vicini, e supera di gran lunga l'effetto di moltissime parole. Gli abbracci sono molto importanti e comunicano tantissimo, comunicano un amore che le parole non riescono a spiegare.

Linguaggio del corpo maschile in amore

Una cosa è certa nella vita: le donne e gli uomini sono praticamente agli antipodi. Ci si ostina a stare insieme, a cercare la propria anima gemella, ma forse non è sbagliato sostenere che siamo di due pianeti diversi (come quel famoso libro umoristico). Questo rende la comprensione di alcuni segnali non del tutto inequivocabili, anche se, in questo, come in molti altri campi, l'uomo è molto più diretto e spontaneo che la donna!

Quando un uomo e una donna non si conoscono, il corpo diventa il primo mezzo di comunicazione. Per capire quanto il corpo fosse così importante, Arthur Arun ha condotto un esperimento. Ha messo delle coppie di sconosciuti uno di fronte all'altro a raccontarsi nel dettaglio la loro vita intima per circa un'ora e mezza. Dopo gli ha chiesto di guardasi negli occhi in silenzio per 4 minuti. Ebbene, molte coppie hanno detto di aver provato attrazione e un paio si sono anche sposati.

Incredibile, vero?

Gli occhi di un uomo innamorato

Gli occhi sono essenziali per scorgere i veri sentimenti di qualcuno. Possiamo intuire molto più di quanto pensiamo in un solo sguardo.

Sappi che gli occhi di un uomo attratto a te, o innamorato di te, non mentono mai: per prima cosa tieni a bada le pupille e ricordati che se si dilatano guardandoti, c'è un chiaro interesse nei tuoi riguardi.

Un altro segnale lampante è se tiene lo sguardo su di te in modo fisso, senza mai distoglierlo. Cara mia, in quel caso puoi star certa che abbia occhi solo per te!

Al contrario, se continua a guardare da un'altra parte (e non per timidezza) potrebbe non provare troppo interesse.

Sopracciglia

Se mentre state parlando con un uomo lui, nell'ascoltarvi, tende ad aggrottare le sopracciglia, è un buon segno! Non si sta prendendo gioco di voi, è anzi un segno di curiosità e ricerca profonda di comprensione.

Capirete che è impressionato da voi, se invece solleva le sopracciglia! Ottimo lavoro, continuate così.

Viso: mai così esplicito

Se un uomo è innamorato, o attratto da voi, continuerà a tormentare il suo viso. Prima si toccherà le guance, poi le orecchie, a seguire il mento, infine le labbra. Non fatevi ingannare: non è nervoso, siete voi a fargli questo effetto! È la tipica razione da "vulnerabilità amorosa". Prestare particolare attenzione sulle labbra: se continua a stuzzicarsele significa che è mosso da un irrefrenabile desiderio di baciarvi.

Gambe e piedi

Com'è seduto l'uomo che è con voi? Non dovete lasciarvi sfuggire questo indizio, sia chiaro.

Se vi si mette di fronte a gambe spalancate, il messaggio è piuttosto evidente, non credi? Desiderio sessuale, invito a farsi avanti, reale attrazione e voglia di farsi notare.

Qualora le sue gambe siano incrociate o accavallate, abbi paura: allarme "atteggiamento di chiusura".

A questo punto non ti rimane che dare uno sguardo alla posizione dei piedi. Se sono puntati verso di te, può essere interessato a voi, se invece siete in gruppo e la punta dei suoi piedi guardano un'altra ragazza, fai occhio! Potrebbe innescarsi una certa rivalità.

Braccia e mani

Per gli arti superiori, vale lo stesso discorso che abbiamo appena affrontato per le gambe. Se sono incrociate è un sintomo di chiusura, se sono aperte, è invece interesse e coinvolgimento.

Un altro buon segno da non lasciarsi sfuggire è se si accarezza l'avambraccio o se gesticola in modo molto evidente. Questi linguaggi del corpo ti possono rassicurare: il vostro lui è attratto da voi! E farebbe di tutto per attirare la vostra attenzione.

Puoi invece intendere, senza sbagliare, un desiderio sessuale nei tuoi confronti, se vedi l'uomo giocare con gli oggetti che ha intorno, come il pacchetto di sigarette sul tavolo, il bicchiere, le chiavi della macchina, eccetera.

Barba e capelli

Se stai chiacchierando con un uomo e poco dopo lui comincia a toccarsi i capelli o la barba, state andando a segno. Bravissime! Questo perché l'uomo si sarà sentito in dovere di agghindarsi, di "farsi bello" per voi. Vuole farvi una migliore impressione. Un po' come in natura... molti animali si pavoneggiano in fase di corteggiamento.

E per gli uomini calvi? Chiaramente si limiteranno a toccarsi il cuoio capelluto. Tuttavia, il significato è il medesimo.

Cravatta

Un uomo che si sistema la cravatta davanti a voi, che ci gioca, l'accarezza anche più di una volta consecutiva è indubbiamente pazzo di voi.

Siate abili a cercate quindi una scusa per farlo vestire elegante al primo appuntamento e avrete subito tutte le risposte che cercate!

Mirroring

Vuoi fare un test? Ti senti pronta?

Allora fai l'esperimento del mirroring: ovvero dello specchio. Inizia con l'appoggiare la mano sul tavolo e scruta la sua reazione. Ti ha imitato? Ha appoggiato a sua volta la mano sul tavolo?

Ora prosegui il test, magari toccandoti il collo e verifica che lui fa lo stesso.

Perché provare tutto ciò? Perché due persone fortemente attratte fra loro (vale sia per gli uomini sia per le donne) tendono a ripetere i gesti come davanti a uno specchio, ad assumere le stesse pose, persino per le cose più banali. Seguiamo costantemente i movimenti di chi ci interessa e li imitiamo per entrare inconsciamente in sintonia con l'altro. Attenzione però al doppio significato del mirroring che si manifesta anche con gli amici o, in genere, con chi si ha una buona intesa ma non passione.

Prova anche il test delle mani: tienile aperte e con i palmi verso l'alto, appoggiate su un tavolino o sulle tue ginocchia: sono un chiaro invito per lui che dovrebbe prenderle tra le sue e stringerle forte.

Dolci premure

Come si comporta con te fuori dai locali, o mentre siete in compagnia, ti dovrebbe suggerire molto sulle sue intenzioni. Ad esempio, se prima di entrare in un negozio o in un locale ti appoggia un braccio sulla spalla, accompagnandoti all'entrata, ti protegge. Ti ha a cuore.

E mentre passeggiate come si comporta? Cammina accanto a te? Tende a superarti o ti rimane al fianco? Ovviamente, è un buon segno solo la seconda opzione.

Ti tiene al caldo

Chi non si scioglierebbe di fronte a gesti hollywoodiani come ottenere in prestito la sua giacca o la sua sciarpa perché senti freddo? Se compie da solo questo generoso gesto da cavaliere, vuole assicurarti un po' di calore e vuole che tu stia bene. In questo modo, attiva anche l'olfatto, poiché ti dà modo di imprimerti il suo profumo nella mente e maggiore sarà la tua attrazione nei suoi confronti. L'odore è uno dei sensi più remoti, capace di scatenare le più fervide fantasie sessuali.

Flirt inconscio

Gli specialisti hanno notato che, come gli animali, gli uomini e le donne fanno alcuni gesti che invitano a conoscersi meglio. Durante una conversazione con una persona di sesso maschile, una donna non si renderà per forza conto di avvicinare le braccia al busto e di sporgersi in avanti per mettere in risalto la scollatura, o di sistemarsi la maglietta per mostrare il seno. Dal canto suo, l'uomo manderà dei segnali d'apertura stando seduto con le gambe divaricate, i pollici in tasca e le mani distese (se cercano di mettere in mostra i genitali, senza essere volgare, sei a buon punto!).

Timido o NON interessato?

Eccoci di fronte all'eterno dubbio che affligge qualunque donna e ragazza. Sarà solo timido o non è minimamente interessato a voi?

La linea è più sottile di quanto si pensi e talvolta si rischia di guardarsi altrove perché non abbiamo considerato l'eventualità che il nostro lui sia soltanto molto timido.

Se ti è già capitato, sai quanto può essere spiacevole doverci rinunciare, per poi scoprire la verità magari dopo molti anni e rimanere per sempre col dubbio di come sarebbe andata se solo avessi avuto più pazienza o fossi stata più coraggiosa.

Analizziamo le due casistiche, sperando che nessuna di noi debba più trovarsi in dubbio a catalogare queste due identità emotive.

Caso A: Timido

Se un ragazzo ti rivolge alcune di queste attenzioni, significa che sicuramente è interessato a te, ma è anche troppo timido per fare una mossa. Non aver paura di prendere il potere con questo tipo di ragazzo.

1.   Ti guarda spesso. Questo è di buon auspicio se pensi che il tuo interlocutore sia un tipo schivo e abbia difficoltà a esprimere i suoi sentimenti. Nonostante ciò ti cerca, ti segue con lo sguardo e vorrebbe attirare la tua attenzione: gli piaci!

2.   Arrossisce quando lo cogli nell'intento di guardarti. Senza preavviso ti giri e lui ti sta guardando. Ha distolto subito lo sguardo e sta arrossendo, non è vero? Se ha reagito così, prendila come una conferma: è pazzo di te. È un ragazzo timido, si imbarazza facilmente, pensa come può averlo farlo sentire l'essere colto in flagrante mentre ti ammirava!

3.   Saluta e sparisce. Se quando ti vede per strada ti saluta, ma poi sparisce e non riesce a compiere un passo di più, significa che è davvero molto timido. Per lui, già salutarti ha significato tanto! Vagli incontro.

4.   Noti un cambiamento del suo stato d'animo quando gli sei nei paraggi. Cerca di prestare attenzione anche al suo umore, oltre che ai gesti. Se sembra rischiarirsi in volto non appena tu entri nel suo campo visivo, è molto probabile che sia eccitato e felice di trovarti lì con lui. Anche se non te lo dice, parlano i suoi modi di fare.

5.   Cerca di parlarti (anche con una singola frase un po' banale). Sta tentando di conversare con te, provando a iniziare con una frase magari un po' scontata sulle condizioni meteorologiche? Aiutalo ad ampliare gli argomenti, fagli capire che anche tu hai piacere di conoscerlo meglio. I ragazzi molto timidi non potrebbero ottenere più di così e nel fare anche quel semplice gesto, potrebbero risultare goffi o rigidi.

6.   Diventa più loquace attraverso i messaggi. Se hai dei sospetti e non sei sicura di piacere al ragazzo, ingegnati per ottenere il suo numero di cellulare e prova a scambiare qualche messaggio con lui. Attraverso un dispositivo, anche il ragazzo più timido ne trae vantaggio, riuscendo ad aprirsi maggiormente e con più scioltezza. Se chiacchierate per ore, ottimo lavoro.

Caso B: Non è interessato

E se il ragazzo non è per niente coinvolto né attratto da voi? Come riuscire a capirlo senza esporsi troppo né rischiare di ferirsi?

Assicurati di notare la differenza fra le due casistiche: è decisamente importante ed eviterà che tu perda tempo prezioso!

1.   Dice ciao, ma non ti rivolge più alcuna attenzione, anche quando parla con gli altri. Questo atteggiamento è comune: il ragazzo è educato, tuttavia se non fa altri sforzi per parlarti né coinvolgerti, è più concentrato a dare le attenzioni a qualcun altro. È chiaro che non gli interessi. Non è timido se è in grado di parlare con un gruppo di altre persone. Quindi tienilo a mente.

2.   Non lo sorprendi mai a guardarti. Lo so, forse fa male rendersene conto e accettare la realtà. Però è logico che se troviamo qualcuno interessante e di nostro gusto quasi ci perdiamo a osservare i suoi lineamenti, la sua postura, i suoi gesti, eccetera. Perché lo troviamo adorabile! In questo caso quindi non è timido, semplicemente non fai al caso suo.

3.   Non ha senso essere vicino a te. Sebbene i ragazzi timidi non riescano magari a imbastire una comunicazione con te, cercheranno sempre di starti accanto e prendere posto vicino a te (magari al ristorante, sulla panchina, eccetera). Se il ragazzo che ti piace non ti è MAI intorno, allora lascia stare.

4.   Quando parli, mantiene la conversazione breve. Sarò schietta: sei intenta in un profluvio di parole e lui a ogni argomento taglia corto e, non appena possibile, scappa via: non gli piaci! Non è tanto che non gli importa di quello che stai dicendo, semplicemente non vuole passare il tempo con qualcuno a cui non è interessato.

5.   Il suo atteggiamento non cambia in tua presenza. Se arrivi e lui a malapena ti rivolge il saluto, allora è un pessimo segno. Non hai alcun effetto su di lui.

6.   Si allontana da te quando ti avvicini. Questo atteggiamento è molto evidente se hai preso coraggio (e soprattutto una vena folle) di confessargli i tuoi sentimenti. Siccome lui non li condivide a sua volta per te, farà in modo di evitarti, per non dover essere costretto ad affrontare il problema.

7.   Sei sempre la prima a scrivere. I ragazzi fanno di tutto per scovare un benché minimo motivo per parlarti, se gli piaci. Se non lo fa e sei sempre tu a scrivergli per prima, allora non c'è appiglio.

8.   Ti senti escluso. Se per una volta siete capitati vicini, e lui ti volta le spalle per parlare con chi desidera davvero, è un sonoro campanello d'allarme. Guarda altrove, davvero! Meriti qualcuno che ti apprezzi per ciò che sei.

Linguaggio del corpo femminile in amore

Le donne... che creature complicate, vero? Imparare a leggere i segnali non verbali di una donna vuol dire saper conquistare chiunque vogliamo senza particolari problemi. E, anche se può apparire un'impresa titanica, poiché la maggior parte delle donne sembrano indecifrabili, vedrai che dopo aver letto e compreso il contenuto di questo capitolo, acquisirai una maggiore consapevolezza e sicurezza. Una volta che saprai come comportarti, flirtare con le ragazze (o con le donne) non ti intimidirà più! E, si sa, avere (o dimostrare) sicurezza in se stessi è una delle armi vincenti con una donna.

Lo sapevi che le donne vengono attratte dagli uomini nei primi cinque minuti?

Ebbene, come evitare un due di picche e come coronare il nostro sogno d'amore con una donna?

Anche in questo caso, così come un uomo, alla donna o interessi, oppure no. Qui non si tratta di timidezza. La domanda a cui devi rispondere osservando gli atteggiamenti della donna è solo una: "Le interesso?".

Ti dividerò gli atteggiamenti più comuni sia in un caso, sia nell'altro. Così avrai un'idea ben chiara di come comportarti. Tuttavia, ci tengo a ricordarti che ovviamente questo elenco non è preciso al 100%, una donna ad esempio può toccarsi i capelli perché ne sente il bisogno e accavallare le gambe perché era scomoda nella posizione precedente! Come in tutte le cose, ci vuole un po' di criterio e cognizione. Non fermatevi mai al primo segnale: ricordatevi di raccogliere più informazioni possibili prima di gettarvi.

Poi si sa! Il bello del corteggiamento è anche questo, no? Scoprirsi di volta in volta. Soppesare ogni gesto, ogni parola, ogni attenzione che ti rivolge.

La tua donna è là fuori, che attende solo che tu prenda coraggio e vada a farla ridere. Tranquillo, che saprà rimandarti i segnali più opportuni per farti intendere di intensificare il corteggiamento e di non rinunciare!

Nel caso i tuoi corteggiamenti non fossero graditi, tranquillo che capirai come accorgertene e potrai scappare via a gambe levate.

Interessi a una donna quando si atteggia in questo modo:

- Si morde le labbra con fare sensuale;

- Accavalla le gambe, protendendo il busto verso di te;

- Si tocca il collo oppure le braccia;

- Scuote spesso la testa sistemandosi i capelli;

- Lancia sguardi accompagnati da sorrisi;

- Si sistema il vestito, mostrandoti distrattamente il decolté;

- Si inumidisce le labbra con la lingua lasciandole leggermente socchiuse;

- Ti tocca, fingendo che sia stato per errore;

- Ti fissa intensamente negli occhi e null'altro la distrae;

- Ti sorride da lontano, quasi a voler sperare di annullare le distanze e chiacchierare un po' con te;

- Durante una piacevole chiacchierata, il suo corpo si protende verso il tuo e rimane così vicina (potrebbe oltrepassare la cosiddetta "zona intima", ricordi? A quella distanza, la ragazza è pronta per il bacio);

- Se siete in compagnia, la ragazza ti "segue" per continuare a interagire con te;

- È a suo agio, ed è la prima a proporre, caldi abbracci;

- Ride a tutte le tue battute (anche quelle che tu stesso ritieni "forzate");

- Non si offende, anzi, sta al gioco se la prendi in giro;

- Non si irrigidisce se la tocchi, per sbaglio o non;

- Accetta di buon grado la tua mano appoggiata su una parte del suo corpo (ad esempio, un coscia, una spalla, la schiene, eccetera);

- È molto attenta a quello che le racconti e, quando ne ha la possibilità, te lo dimostra;

- Parla con passione, quindi la sua voce è possibile che si faccia più acuta;

- Gesticola per enfatizzare quello che ti sta raccontando;

- Gioca con la punta dei suoi capelli (magari arrotolandoli sulle dita, o portandoseli alle labbra);

- Le sue espressioni facciali sono molto animate: spalanca gli occhi, alza le sopracciglia, eccetera;

- Passa delicatamente le dita sui suoi gioielli: una collana, un bracciale, eccetera;

- Infine, si accarezza le zone erogene come il polso, il collo, la clavicola, oppure le cosce.

NON interessi a una donna quando invece manifesta questo linguaggio del corpo:

- Più ti avvicini, più si allontana;

- Cerca di chiudersi in se stessa oppure si gira dall'altra parte;

- Incrocia le braccia;

- Mentre le parli si guarda intorno, come a voler trovare un altro interlocutore. È visibilmente distratta e fredda;

- Sebbene tu sia brillante e sofisticato, lei non ride mai, oppure ti lancia qualche sorriso falso e cortese;

- Ha un'espressione tesa, tanto crucciata da sembrare arrabbiata;

- Esattamente come un uomo, nonostante i tuoi tentativi di dialogo siano interessanti, lei li lascia esaurire con semplici frasi fatte;

- Tamburella le dita sul ripiano, come se fosse infastidita o impaziente. Della serie: "Quand'è che questo si leva di torno?". Messaggio analogo se controlla incessantemente il cellulare;

- Si irrigidisce, lanciandoci un'occhiataccia, se la tocchi anche solo per sbaglio.

Le differenze sono lampanti, non credi?

Questo non toglie che una donna non interessata a voi non possa cambiare idea, esattamente come un uomo. Tuttavia, se non scatta da subito la scintilla e l'intesa, non forzate la mano o rischierete di lasciarle un pessimo ricordo di voi!

Dalla vostra, giocatevi bene la carta del contatto visivo: mentre parlate con lei cercate di non distrarvi anche se passasse Belén in persona. Metteteci tutto il vostro impegno e fatela sentire importante e unica. Cercate di farla ridere, senza esagerare nel rendervi ridicolo ai suoi occhi. Se la farai ridere di te non hai ottenuto un buon risultato, non credi?

Se poi sei in dubbio perché hai di fronte una ragazza espansiva e solare con tutti, ricordati che puoi sempre sperimentare il test mirroring!

L'unica cosa che ti rimane da fare è farle un complimento e controllare attentamente i suoi segnali per vedere come reagisce. Ricordati sempre che, come tutte le altre cose al mondo, bisogna esercitarsi. Non demoralizzarti se ricevi un due di picche alla prima occasione! Persevera e verrai ricompensato.

Il bacio

Concludiamo adesso il nostro percorso, dedicando queste ultime parole ad uno dei gesti certamente più antichi e piacevoli che tutti conosciamo e che praticamente tutti amiamo: il bacio.

Il bacio è il più importante e il più significativo atto fisico che due persone si scambiano per dimostrarsi amore e voluttà.

Molte sono le interpretazioni che descrivono questo particolare del linguaggio del corpo e presso ogni civiltà o cultura, ha assunto differenti connotazioni. Esso può voler esprimere affetto, amicizia, grande passione e spesso si dà un semplice bacio sulla guancia per salutare qualcuno, anche uno sconosciuto.

I francesi solitamente si salutano fin dal primo incontro con tre bacetti sulla guancia, così accade anche presso i paesi slavi.

Resta comunque che il bacio più profondo, quello più voluttuoso che si scambia con la lingua, sia subentrato nella sfera evolutiva dell'uomo, come primo approccio di relazione allo scopo di un soggetto di trovare il partner adatto con cui accoppiarsi.

Esiste persino una scienza che studia il bacio in tutti i suoi aspetti chiamata filematologia, che riguarda proprio tutti quegli aspetti relativi all'evoluzione della specie, per cui il bacio rappresenta lo scambio primo di geni fra due soggetti; a questo proposito infatti, presso alcuni popoli, è persino ritenuto non igienico o non rientra affatto tra gli scambi amichevoli, come ad esempio presso gli eschimesi, che si salutano strofinandosi a vicenda soltanto il naso.

Il bacio come segno di scambio affettivo, viene comunque vissuto da ogni cultura ancora oggi in modo diverso. Se ci riferiamo proprio alla prossemica geografica, di cui abbiamo discusso sopra, notiamo infatti che sono molto più rari questi scambi presso le popolazioni del nord, dove il bacio, ad esempio e specialmente fra uomini dello stesso sesso, non è poi così frequente come tra i latini o i mediterranei.

Nella storia invece, e tutt'ora oggi presso alcuni ambienti più eleganti o aristocratici, si usa ancora il baciamano, a volte con il contatto delle labbra sulla mano della signora che la porge, ma che in realtà, secondo il Galateo, non dovrebbe prevedere questo contatto, ma solo un accenno all'intenzione.

Tornando al bacio che tutti stereotipizziamo, ovvero quello più voluttuoso che precede eventualmente l'atto sessuale, sappiamo che questo avviene persino con scambi di saliva e che oltre al contatto tra le labbra della bocca, si possono prevedere baci su ogni altra parte del corpo: il collo, le spalle, il seno, fino alla fellatio e il cunnilingus.

Attraverso il bacio si fa esperienza del sapore dell'altro, e l'organo della bocca, in prossimità del naso, amplifica anche gli odori e il tatto si fa più sensibile.

Ci sono baci più delicati, come sfiorare le labbra, o baci più passionali accompagnati da vogliosi abbracci. Ma il bacio sessuale è già di per sé un atto sessuale e su questo aspetto è interessante la lettura che anche la psicoanalisi ne fa, facendo risalire questo piacere alla suzione materna.

La vita sessuale umana parte proprio dalla tetta materna. Spesso e troppo spesso, presso alcune culture, resta ancora sconveniente parlare di sesso, ma in realtà il sesso è tutto ciò per cui entriamo in contatto con l'esterno e nel caso del bacio abbiamo l'esempio più semplice con il quale l'uomo, fin dalla sua nascita, "saggia" la realtà che lo circonda.

Lungo tutto il percorso che abbiamo fatto con questo piccolo libro, abbiamo descritto in modo più tecnico cosa significa linguaggio del corpo, cosa sia la prossemica, analizzato gli aspetti particolari a questa e anche parlato dell'assenza di contatto che oggigiorno viviamo, vuoi per il forzato lock-down che ci costringe a stare a distanza a causa del coronavirus, vuoi perché ormai, da quasi ben venti anni, la maggior parte della popolazione preferisce di gran lunga la comunicazione attraverso la tastiera e il computer, che di autentico contatto sociale conserva poco, se pensiamo proprio al linguaggio classico del corpo e il bacio persino.

Ancora prima però della parola, c'è la suzione, del seno materno, il seno che viene cercato perché fonte di nutrimento, in cui, anche nel caso in cui l'infante non va cercando propriamente quel nutrimento, insiste molte volte a cercare quel seno, perché ormai gli è divenuto di conforto e si è fatta prima fonte di dialogo con la realtà circostante. Il nutrimento materno è il primo contatto con la realtà che viene poi metabolizzato attraverso la digestione.

"Sessuale" non significa soltanto fare la differenza tra generi, e non ha nulla di negativo mai, ma riguarda proprio quell'atto di contatto con cui si opera incessantemente tutta la vita, in cerca dell'esterno, e proprio la bocca, che è organo del bacio, come della parola, lo è anche del nutrimento.

Per cui con il bacio, che è un atto del linguaggio del corpo che può esprimere amore, ancora una volta ritroviamo lo stesso organo nell'espressione della parola, che è la bocca, e che con questo organo viene pronunciata, restando innanzitutto, il primo metro di giudizio con cui costruiamo su noi stessi la struttura della nostra conoscenza, con l'esplorazione del mondo circostante, partendo proprio dall'assaggio del cibo, che nel caso della suzione materna è il latte materno, il primo nutrimento in assoluto.

Anche un bacio può essere perverso, dipende da come lo si offre e lo si dà, ma il grado di perversione e la perversione stessa, resteranno legate a sfere culturali particolari, poiché non per ciascuno individuo il bacio è uguale o perverso.

Secondo alcuni studiosi, l'atto del bacio come gesto d'affetto più diffuso, originerebbe da un'antica usanza materna, che ritroviamo persino presso alcuni animali, per cui la madre mastica cibo per passarlo ai suoi piccoli. Questa minuscola parte del nostro corpo, di vitale importanza, viene messa in moto fin dai primi vagiti della nostra esistenza, da quando veniamo messi al mondo e ci accompagna tutta la vita nell'esplorazione dell'ambiente che ci circonda, divenendo poi il primo organo di interazione e con cui cominciamo anche ad esprimerci, attraverso la parola. E di nuovo, dopo l'assaggio del mondo, dopo la parola, arriva il bacio, con cui la nostra prima interazione sessuale prende forma.

VIOLENZA PSICOLOGICA

La violenza psicologica è un insieme di atti morali e parole quali intimidazioni e minacce utilizzate al fine di indurre qualcuno a fare qualcosa contro la propria volontà. Questa tipologia di violenza non è meno grave rispetto a quella di natura fisica: può infatti provocare veri e propri traumi alle vittime e generare un disturbo d'ansia, stress o depressione. Essa, infatti, mina l'autostima e permette a chi la mette in atto di mantenere il controllo, obbligare, manipolare ed utilizzare la crudeltà verbale a fini egoistici. È da ritrovarsi nei contesti più diversi: nel rapporto di coppia; all'interno delle mura di casa, assumendo i connotati della così detta "violenza domestica"; sul posto di lavoro, in forma di bossing o mobbing (di cui parleremo in seguito); a livello sociale, con la criminalità organizzata.

Per quanto riguarda la violenza psicologica nella coppia, è un fenomeno che può riguardare entrambi i sessi; ciò nonostante i dati riguardanti le donne in Italia sono piuttosto allarmanti: più di 7 milioni di donne hanno dichiarato nel 2018 di aver subito questo tipo di violenza da parte del partner. Il persecutore si presenta come un individuo subdolo e manipolatore, capace di influenzare negativamente la compagna o il compagno. Spesso questo tipo di abuso prende la forma anche di comportamenti passivo-aggressivo, non esplicitando chiaramente l'imposizione a cui si vuole sottoporre l'altro ma facendola intendere con frecciatine e supposizioni. Questo soggetto è spesso fortemente geloso, anche senza prove certe, in maniera del tutto ingiustificata; controlla il partner, lo accusa ed arriva addirittura allo stalking. Quando si accorge che i suoi comportamenti hanno superato il limite si atteggia da vittima e si mostra falsamente pentita. Capita che il prevaricatore imponga all'altro anche di avere rapporti sessuali, ponendosi in maniera eccessivamente insistente. La vittima tende ad accantonare i propri bisogni e reprimere le proprie opinioni per il "bene" della coppia.

Simili meccanismi possono essere attuati anche all'interno di un contesto familiare, nei confronti dei figli: basta, infatti, che uno dei due genitori inizi a manifestare la propria disapprovazione nei confronti di persone, luoghi o ambienti che vorrebbe che il figlio non frequentasse, per trasmettere una insicurezza che si potrà ripercuotere anche in relazioni future del bambino. Egli, infatti, da adulto potrà essere preda di nuove manipolazioni.

Il bambino può essere inoltre vittima di meccanismi volti a farlo sentire sbagliato, privo di importanza e valore, quali ad esempio il rifiuto, il disprezzo, le minacce, l'isolamento, un clima di terrore o la trascuratezza: ciò può portare a disordini alimentari, difficoltà a socializzare, comportamenti violenti e può avere ripercussioni emotive come bassa autostima o ansia.

La violenza psicologica, rispetto a quella fisica conclamata, è più difficile da individuare: è quindi necessario riconoscere i segnali in maniera tempestiva. Essa si basa sullo squilibrio all'interno di un rapporto, in cui un soggetto sottolinea l'inferiorità dell'altro fino a minarne la fiducia in sé stesso: la vittima viene svalutata e inizia gradualmente al credere all'interpretazione altrui.

Questo particolare tipo di abuso è riconoscibile attraverso determinati comportamenti, sia appartenenti all'aggressore che alla vittima.

Per quanto riguarda il soggetto che compie i maltrattamenti psicologici, esso attua delle tattiche soprattutto di tipo verbale, volte a minare l'emotività del soggetto che vuole colpire. Esse sono:

1.   Umiliazione, negazione e critica: è ricorrente l'utilizzo di parole offensive quale "stupido", "fallito"; generalizza spesso, utilizzando la parola "sempre"; tende a ridicolizzarti e a metterti in imbarazzo in pubblico prendendoti in giro; ti insulta, sminuisce i tuoi pregi e i tuoi successi e colpisce le tue debolezze e fragilità, autore di un'incessante svalutazione di ciò che sei;

2.   Controllo e vergogna: tiene d'occhio ogni tua azione e comportamento, ti mette a disagio di fronte agli altri, ti minaccia, impartisce ordini e spesso urla ed ha scatti d'ira;

3.   Accusare, incolpare, negare: nega a prescindere, fino alla fine e facendoti dubitare della tua memoria e della tua sanità mentale; ti colpevolizza per qualunque cosa, compresi i suoi problemi personali; ciò che fai non è mai abbastanza;

4.   Abbandono emotivo, maltrattamento e isolamento: cerca di allontanarti dalle persone a cui tieni per aumentare la tua dipendenza nei suoi confronti;

ti impedisce di socializzare e di vedere o uscire con altre persone, tentando anche di mettertele contro; può arrivare a metterti contro anche i tuoi stessi familiari e può isolarti ed evitarti ignorando i tuoi tentativi di comunicare, mostrando il più totale disinteresse nei confronti di ciò che provi; ti aggredisce verbalmente, ti denigra;

5.   Limitazioni all'autonomia: ti vieta di agire in maniera indipendente, sia da un punto di vista morale (intaccando la tua libertà di azione o di pensiero) che economica, per impedirti di poter sviluppare un'autonomia che ti porti ad allontanarti e a non essere dipendente.

Per quanto riguarda la vittima di violenza psicologica, è possibile identificare degli stati d'animo ricorrenti, fra i quali troviamo:

1.   Bisogno di approvazione: è in continua ricerca di apprezzamento e fortemente dipendente dal giudizio altrui; si sente inadeguata a causa degli abusi psicologici che le fanno credere di non essere abbastanza e tenta in ogni modo di essere perfetta ed impeccabile sotto tutti i punti di vista; difficilmente l'essere accettata le darà una sensazione di totale appagamento e tenderà sempre a colpevolizzarti e a non sentirsi all'altezza;

2.   Isolamento: la vittima vive spesso in una condizione di alienazione, ponendosi in maniera "distaccata" nei confronti del mondo e degli altri, in quanto non li crede capaci di comprenderla davvero e non prende davvero in considerazione la violenza verbale che subisce ed il suo profondo malessere psicologico;

3.   Rabbia: la persona inizia ad essere arrabbiata sia con il persecutore che nei confronti degli altri, in quanto fortemente oppressa e stressata per i continui giudizi a cui è sottoposta; molte vittime di abusi psicologici non hanno ripercussioni unicamente a livello psichico ma anche somatico, con sbalzi di pressione o aritmie cardiache;

4.   Sfiducia: è in perenne stato di iper-vigilanza e diventa attento a tutti i comportamenti altrui per paura di essere aggredito; si sente minacciato e ciò lo porta ad essere continuamente in tensione ed emotivamente stanco;

5.   Ansia: chi è vittima di questo tipo di violenza può essere anche soggetto ad ansia, pensieri negativi, disturbo del sonno, attacchi di panico o depressione.

Molte vittime hanno paura di reagire nei confronti del proprio persecutore, sia per paura di possibili conseguenze che per la dipendenza sviluppatasi nei suoi confronti. Se, però, dovessi ritrovarti in una delle situazioni precedentemente descritte o dovessi sentire disagio all'interno di una relazione, puoi attuare alcuni dei suggerimenti sotto elencati, quali:

- Riconosci il problema, accettalo consapevolmente ed affrontalo;

- Chiedi aiuto ai tuoi cari, ai tuoi amici o ad un esperto del settore come uno psicologo che possa aiutarti a riprendere in mano la tua vita o un avvocato nel caso in cui volessi attuare un'azione giudiziaria;

- Concentrati su te stesso, sui tuoi desideri e sui tuoi progetti. Recupera la fiducia in te stesso ed evita di colpevolizzarti per l'accaduto;

- Rompi i rapporti con il tuo aggressore e non giustificarlo per i suoi abusi, né devi cedere a possibili tentativi di riavvicinamento o scuse da parte sua: queste persone sono solite fare le vittime e fingere pentimento;

- Pensa a costruire una rete di supporto e di condividere la tua esperienza con qualcuno che l'abbia vissuta in prima persona;

- Ricomincia a vivere.

Mobbing, bossing e straining

Con il termine mobbing si intende, in psicologia, quell'insieme di comportamenti di natura fisica o verbale attuati da uno o un gruppo di soggetti nei confronti di una o più persone. Il mobbing è famoso soprattutto quale forma di persecuzione psicologica nel luogo di lavoro attuata generalmente nei confronti di un singolo, che abbia come scopo ultimo quello di far sì che abbandoni "volontariamente" il posto di lavoro, evitando così di ricorrere a procedure legittime come il licenziamento. Il motivo di questo atteggiamento nei confronti di un dipendente è da attribuirsi a denunce fatte dallo stesso relative ad irregolarità o al comportamento dei superiori, a invidia o ancora al rifiuto relativo a cedere e obbedire a norme immorali o ricatti.

Questo fenomeno può essere ricondotto anche a fattori discriminanti quali etnia, sesso, religione, orientamento sessuale, handicap e così via. Per poter parlare di mobbing la condotta persecutoria deve essere complessa (quindi deve comprendere diversi episodi), ostile, sistematica e protratta nel tempo (almeno sei mesi, secondo gli psicologi del lavoro), poiché devono causare un vero e proprio danno alla salute psicofisica dell'individuo e deve assumere la configurazione di una strategia comportamentale premeditata e finalizzata a distruggere una vittima ben precisa.

In giurisprudenza il mobbing viene definito come "Qualunque condotta impropria che si manifesti, in particolare, attraverso comportamenti, parole, atti, gesti, scritti capaci di arrecare offesa alla personalità, alla dignità o all'integrità fisica o psichica di una persona, di metterne in pericolo l'impiego o di degradare il clima lavorativo" (Marie-France Hirigoyen, Molestie morali. La violenza perversa nella vita quotidiana, Torino, 2000)". Esempi di attività persecutorie possono essere: critiche continue sull'operato del lavoratore, ostilità, la diffusione di maldicenze e pettegolezzi, l'assegnazione di compiti umilianti, dequalificanti ed estremamente ripetitivi, offese, molestie sessuali e la lesione della reputazione o dell'immagine del dipendente, allocazione in ambienti sporchi o malsani.

I soggetti più a rischio di marginalizzazione sono le donne (si parla, dunque, di mobbing di genere): gli abusi possono avvenire successivamente al matrimonio, alla maternità o al rifiuto di avances messe in atto da un superiore. Le motivazioni della condotta possono essere relative alla supposizione che la donna non sia più disponibile a coprire interamente i suoi incarichi all'interno dell'azienda, alla volontà di volerla sostituire dopo un periodo di assenza, per sessismo o come risposta ad un rifiuto.

Una forma specifica di mobbing è il bossing, che ricorre quando il persecutore è un superiore gerarchico come, ad esempio, un capoufficio, un dirigente o un manager. Il fine è sempre e il dipendente a dimettersi senza dover ricorrere al licenziamento e quindi senza affrontare i relativi oneri e schivando norme e clausole sindacali. Si crea quindi un intollerabile clima di tensione, privando anche il soggetto di benefit meritati o della possibilità di essere sereno sul posto di lavoro e crescere professionalmente.

Una strategia di bossing che porta i dipendenti a dimettersi spontaneamente è la così detta "lista nera", in cui vengono inseriti i nomi dei soggetti ritenuti non indispensabili per l'azienda: questo crea stress, tensione e conflitto e porta i lavoratori a dimettersi per esasperazione.

Questi tipi di violenza possono portare ad effetti negativi sulla vita e sul sistema psichico e nervoso del dipendente ed al conseguente insorgere di stati di disagio psicologico, disturbi di adattamento, disturbi post-traumatici da stress. Oltre a perdere la fiducia in ste stessa e l'autostima vi può essere la possibilità che la vittima abbandoni il posto di lavoro o, peggio, che decida di ricorrere al suicidio: relativi studi attribuiscono infatti il 15% dei suicidi annui al mobbing.

Lo psicologo Harald Ege ha configurato il mobbing individuando diverse fasi, quali:

- Ambiente: il conflitto avviene all'interno del posto di lavoro;

- Frequenza: gli episodi devono avvenire almeno alcune volte al mese;

- Durata: sei mesi minimo;

- Azioni: quelle indicate in precedenza;

- Dislivello: la vittima è una sottoposta dell'aggressore;

- Andamento fasi: è un crescendo continuo;

- Intento persecutorio (da parte del soggetto agente).

Per quanto riguarda lo straining, esso si differenzia dal mobbing in quanto non sussiste la continuità delle azioni vessatorie e gli episodi riguardano casi singoli ed isolati. Esso genera uno stress forzato, superiore rispetto a quello meramente occupazionale, generalmente dovuto alla situazione routinaria lavorativa ed alle normali interazioni organizzative. Le azioni ostili però, nonostante siano limitate nel tempo, possono potenzialmente modificare in maniera negativa e permanente le condizioni lavorative; le principali cause di straining sono discriminazione e condizioni di lavoro disagevoli.

Da un punto di vista civilistico, il mobbing costituisce una violazione dell'articolo 2087 del Codice Civile, che recita: "L'imprenditore è tenuto ad adottare nell'esercizio dell'impresa le misure che secondo la particolarità del lavoro, l'esperienza e la tecnica, sono necessarie a tutelare l'integrità fisica e la personalità morale dei prestatori di lavoro". Il dovere dell'azienda è quello di mantenere integra la salute psico-fisica del lavoratore e di non attuare quindi comportamenti che possano lederla, oltre che scoraggiare i terzi operanti nell'azienda ad attuare tali atteggiamenti.

Il "Mirroring" termine che si riferisce all'imitazione corporea, è un'altra potente tecnica di manipolazione, ed è per questo che le forze dell'ordine ne fanno largo uso durante gli interrogatori e durante le negoziazioni.

Mirroring e gaslighting

Il "Mirroring" si avvale del "narcisista interiore" che è dentro tutti noi. Questo è ciò che rende il mirroring uno strumento molto potente, lo si può usare su chiunque se si è sufficientemente preparati. Una volta che sapete come imitare efficacemente le altre persone, potete anche utilizzare le vostre conoscenze per evitare che altre persone, soprattutto narcisisti, possano usare questa tecnica contro di voi.

Si può usare il mirroring imitando, le posture del vostro interlocutore; questo significa che copierete come si siede, come posiziona le sue mani, come tiene la testa, e in alcuni casi potresti anche sincronizzare il tuo respiro con il suo. Si può usare un falso accento o un modello di discorso per imitare quello dell'altra persona, se è possibile. Dovete essere precisi nell'imitazione e farlo nel modo più naturale possibile, anche la velocità e il tono della voce hanno un potente effetto, utilizzate i 5 sensi per renderlo più realistico, cercare di trasmettere interesse alla persona che state imitando e di creare un effetto specchio tra lui e voi.

Un imitazione efficace

Quando lo si fa correttamente, il mirroring può costruire un rapporto intimo e stabilire un forte collegamento con l'altra persona. Tuttavia, se lo si fa nel modo sbagliato, ad esempio copiare qualsiasi cosa stia facendo l'altra persona in modo piuttosto deliberato, si finisce solo per irritare il soggetto.

Questo tipo di imitazione puo essere un arma a doppio taglio in quanto il nostro interlocutore potrebbe accorgersi di quello che stiamo facendo e ritenerci non autentici.

Crea una connessione sicura

Dai all'altra persona la tua completa e totale attenzione, indirizza i tuoi piedi nella direzione del tuo intelocutore e cerca di comportarti come se fosse il centro del tuo universo.

Contatto visivo

Questo può essere abbastanza complicato perché troppo poco contatto vi farà sembrare disinteressati, troppo e vi farà sembrare molto strani e susciterà sospetto.

Provate a cercare una via di mezzo sopportabile e naturale, allontanando lo sguardo dal soggetto per un breve periodo di tempo per poi ristabilirlo subito dopo in modo da fargli intuire inconsciamente che qualcosa di ciò che ha detto ha suscitato la vostra attenzione e il vostro interesse.

Triplo cenno

L'onnipotente triplice cenno(annuire tre volte con la testa)causa principalmente due reazioni: primo, fa parlare l'altra persona molto più a lungo e in secondo luogo, acconsentendo a ciò che l'altra persona sta dicendo, stai costruendo una "mentalità del sì".

Questo significa che una volta che toccherà a te, fai delle semplici domande la quale risposta sarà ovviamente "SI", procedi cosi per un paio di volte e infine alla terza e ultima procedi alla vera e propria richiesta che ti interessa porre.

L'obiettivo, come hai capito è quello di costruire una sequenza di si che inconsciamente porteranno la persona ad acconsentire molto più facilmente alla vera e ultima richiesta.

Se riuscirai a farti dire "sì" dal tuo interlocutore, è molto probabile che continuerà a farlo, rafforzando così ulteriormente il vostro legame.

Fingi, e poi fermati

Per completare la connessione con l'altra persona, devi usare la tua immaginazione.

Fai finta che l'altra persona sia la persona più interessante che tu abbia mai incontrato; entra dentro le sue idee, i suoi ragionamenti, cerca di comprenderla e comportati come si farebbe normalmente di fronte a una persona del genere. Una volta entrati in quella mentalità, smetti di fingere. Agisci inconsciamente in modo appropriato e naturale, rendendo difficile per l'altra persona anche solo accorgersi che stavi fingendo, creando una situazione di assoggettazione nei confronti della tua personalità.

Aumentare l'intimità

Quando si imita un'altra persona, non solo si rispecchiano le sue movenze o le azioni dell'altra persona, si imitano tutte i gesti e la sfera della comunicazione non verbale che normalmente fa, che include il tono e il volume della sua voce. Se l'altra persona parla velocemente e tende a gesticolare abbastanza spesso, cercate di fare lo stesso, ma farlo in modo sottile e naturale, è molto importante che sia naturale per applicare questa tecnica solo la pratica potrà aiutarvi.

Se l'altra persona parla con un tono molto leggero, cercate di abbassare dolcemente la voce e in modo impercettibile fino a raggiungere quasi lo stesso volume senza farvi scoprire.

Il ritmo e il volume sono molto più facili da imitare rispetto ad altri fattori che sono in realtà più nascosti e difficili da notare a primo impatto, ovviamente per applicare questa tecnica al meglio dovrete prima eseguire un attenta analisi del soggetto sul quale volete applicarla.

Scoprite chi avete di fronte, quali sono i suoi interessi, le sue abitudini, il comportamento, fatevi raccontare delle sue esperienze, negative e positive che siano, solo così avrete un quadro completo, non limitatevi, fate domande, le persone sono egocentriche e si sentiranno prese in considerazione e si apriranno sinceramente con vero piacere con voi, siatene sinceramente interessati, avete sempre qualcosa da imparare, chiunque abbiate di fronte. Se capite chi avete di fronte a voi avrete la chiave della sua mente.

Testa la forza della vostra connessione

Quest'ultimo passo è completamente facoltativo, ma aiuta a sapere se la connessione è solida o se si ha bisogno di ulteriori rinforzi. Per testare il vostro collegamento, è sufficiente reagire in modo completamente estraneo al movimento corporeo istintuale del soggetto e osservare se l'altra persona rispecchia le vostre azioni. Per esempio, mentre l'altra persona sta parlando, grattatevi la punta del naso; se l'altra persona replica la vostra azione dopo pochi istanti, allora la vostra connessione è abbastanza forte.

Non testate la vostra connessione troppo spesso, poiché il soggetto potrebbe cogliere questi movimenti come dei movimenti estranei. State attenti a non testare questo tipo di connessione troppo spesso altrimenti rischierete di sembrare innaturali.

Gaslighting

Il "Gaslighting" è uno dei metodi più noti per usare le emozioni di un'altra persona contro di lui. Questa tecnica confonderà completamente l'altra persona, spingendola a dubitare di se e della sua intelligenza, e a volte della sua stessa sanità mentale.

La maggior parte degli psicopatici lo fa non conoscendo nemmeno tutti i dettagli, alcuni non sanno nemmeno che il termine esista, eppure lo fanno così magistralmente senza nemmeno pensarci.

Conoscere questa tecnica vi permetterà di usarla efficacemente e vi servirà anche come difesa per voi nel caso in cui qualcun'altro la usi su di voi.

Puoi illuminare un'altra persona quando hai una conversazione, ecco un paio di cose che si possono fare:

• Quando l'altra persona fa una domanda, ignorala e rispondi prima alle domande degli altri presenti. Poi assicuratevi di rispondere con accondiscendenza come se la sua domanda fosse superficiale o persino stupida

• Se la persona pone di nuovo la domanda, respingete la domanda dicendo che siete sicuri che la risposta è già stata data in precedenza. Questo farà sentire l'altra persona come se non stesse contribuendo e gli farà dubitare del proprio ricordo e di ciò che è appena successo.

• Se non avete una risposta alla sua domanda, ignoratela come non importante. Se l'altra persona ti mette di fronte la questione, digli che c'è qualcosa di più importante che necessita della tua attenzione.

• Quando l'altra persona ti dice qualcosa, tira fuori il telefono e naviga sui social media. Questo farà sì che l'altra persona si senta come se quello di cui sta parlando non sia importante, anche se lo è. Fate finta di non ascoltare, ma tenete le orecchie aperte per ottenere informazioni preziose.

• Quando date istruzioni, siate molto vaghi e poi date la colpa all'altra persona per non aver capito quello che avete appena detto. Assicuratevi che le vostre istruzioni siano così confuse e quasi impossibili da seguire, per assicurarvi che l'altra persona faccia confusione, e poi incolpatelo per non aver ascoltato le vostre istruzioni. Questi sono solo alcuni dei modi in cui potete usare il "gaslighting".

Fate attenzione quando lo usate, perché usarlo troppo spesso farà sì che l'altra persona si renda conto di quello che state cercando di fare.

N.B: questa è una tecnica complessa che richiede molta attenzione e padronanza comunicativa, non mi sento di consigliarla ai neofiti. Apparentemente potrebbe sembrare non in linea con i principi esposti in precedenza ma si tratta solamente di azioni e comportamenti intrapresi in determinate e brevi circostanze, questo non influirà sul generale posizionamento assunto. Mi sento comunque di mettervi in guardia dall'utilizzo.

Giocare con i sensi di colpa

Il senso di colpa è una delle emozioni umane più potenti e trascinanti. Quando qualcuno è colpevole per qualcosa e si sente in colpa per questo, cercherà di fare qualsiasi cosa per rimediare. Quando si riesce a far sentire qualcuno in colpa, sarà molto più facile piantare un'idea nel suo subconscio. Questa tattica funzionerà meglio sulle persone che si osservano essere sensibili o più inclini a sentirsi colpevoli; questo funziona particolarmente bene su persone che ti hanno deluso in precedenza o hanno tradito la vostra fiducia.

P.S: Cerchiamo di astenerci da un giudizio il più possibile, siamo oggettivi nell'analisi. Queste sono tecniche all'apparenza subdole ma dobbiamo renderci conto che inconsciamente ne facciamo un utilizzo spropositato tutti i giorni. Solo un utilizzo ponderato, equilibrato e consapevole ne sanificherà la causa e l'utilizzo.

Non è uno strumento (in quanto neutro) ad essere malvagio ma il suo utilizzatore e i suoi fini ultimi.

Qui ci sono un paio di modi in cui si può far sentire chiunque in colpa:

Appellarsi alla coscienza - È quando si mettono in evidenza gli errori dell'altra persona, per quanto piccoli possano essere, e poi evidenziare ogni piccolo errore per far sembrare l'offesa più grande di quanto non sia in realtà.

Usare il passato - Questo è quando si usa un ricordo che entrambi condividete, per il quale l'altra persona vi deve un favore; potete usare un ricordo piuttosto imbarazzante o colpevole, ma tenete presente che c'è un rischio nel farlo. L'uso di un ricordo umiliante farà sì che l'altra persona alzi la guardia, perché è un chiaro segno di ricatto.

Giocare la carta della vittima - Questo è quando si fa notare all'altra persona il torto subito, amplificando la situazione. Puoi tirare fuori qualcosa che ti ha fatto in passato e poi esagerare su quanto ti ha fatto sentire male. Gonfia i fatti per far sentire l'altra persona davvero colpevole, anche se l'incidente passato non ti ha lasciato un'impressione così forte. Tuttavia, ricorda di usare la carta della vittima con parsimonia, usala solo occasionalmente perché la persona si metterà facilmente in pari con quello che state facendo se la usate consecutivamente, oltre ad essere particolarmente fastidiosa se usata con frequenza.

Questi sono solo alcuni dei modi in cui è possibile utilizzare le emozioni di altre persone per il proprio vantaggio. La manipolazione emotiva è una delle forme più malvagie di manipolazione, ma se la si usa in modo responsabile, e non lo si fa così tanto da trasformare l'altra persona in unpasticcio emotivo, si può usare questa tecnica per ribaltare la situazione a proprio vantaggio ogni volta.

Mettere a proprio agio il bersaglio

Immaginate che il vostro obiettivo di manipolazione sia un pezzo di carne economico ma resistente. Sapete che si può ancora cucinare la carne a buon mercato e successivamente mangiarla, ma senza un'adeguata battitura prima e cottura dopo sarà decisamente dura e poco appetibile. Per fare si che il processo di cottura sia più facile, è necessario rendere morbida la carne prima di cucinarla. Questo non significa che devi battere il tuo bersaglio con una mazza da baseball, significa che devi metterlo nelle condizioni ideali, a suo agio intorno a te in modo che non sospetti che tu sia manipolando i suoi pensieri e le sue azioni.

Sii Gentile, Sempre, altrimenti dovrai fingere

Nel programma televisivo Dexter, il protagonista principale è un killer psicopatico che viene utilizzato dalla polizia per uccidere i criminali accusati di crimini più efferati. Al fine di integrarsi con la società, soprattutto nel laboratorio forense in cui lavora, ha bisogno di far in modo che i suoi colleghi non si rendano conto di che tipo di persona è realmente. Quello che fa è far sì che lui piaccia a tutti i suoi colleghi, in modo da non far sorgere in loro alcun tipo di sospetto.

La cosa più notevole che fa è portare delle semplici ciambelle a lavoro ogni venerdì da condividere con i colleghi; questo piccolo, ma simpatico gesto ha fatto pensare a tutte le persone nell'ufficio che Dexter sia il tipo "ciambellone", rendendoli così completamente ignari del fatto che stanno lavorando con un assassino seriale.

Si può fare la stessa cosa di Dexter, non la parte dell'uccisione chiaramente, ma la finta gentilezza, portando gli altri a non dubitare di voi. La chiave qui è la moderazione e la coerenza; sicuramente non fare una doccia di regali ogni volta che si va in ufficio, ma ogni tanto qualche pensierino è lo strumento più adatto.

I vostri regali non devono essere stravaganti, in realtà dovreste evitare di fare regali di valore perché sembrerebbe che stiate cercando di corrompere chi vi sta davanti. Potrebbe essere semplice, come offrire alla persona un caffè quando sei a lavoro, oppure puoi offrirgli un giro di bevute ogni tanto, quando si esce al bar. Fatelo abbastanza spesso e loro cominceranno a sentirsi a loro agio intorno a voi, come d'incanto.

Mostrati carismatico

Se avete mai giocato a qualsiasi tipo di gioco di ruolo, indipendentemente dal fatto che si tratti di un videogioco o un gioco da tavolo, sapete già quanto sia importante il carisma, per avanzare nelle vostre missioni.

Certo, puoi allenare il tuo personaggio ad essere più forte,come un guerriero esperto e batterti per la vittoria, ma puoi anche essere uno scudiero con un elevato carisma, che potete utilizzare per incantare le persone ed ottenere ciò di cui avete bisogno senza sforzo.

Fortunatamente, il fascino può essere imparato, o perlomeno "falsificato" nel senso più buono del termine. Tuttavia, è necessario che limiti un po' il tuo fascino, non esagerare o la gente penserà che stai tramando qualcosa, cosa che realmente stai facendo ma è sempre meglio giocare a carte coperte.

Condividi i tuoi "Segreti"

Un altro modo per guadagnare la fiducia di una persona è fargli credere di avere la tua. Una mossa semplice per ottenere questa fiducia è condividere per primi un segreto, un fatto privato, una particolare vicenda o una qualsiasi cosa voi riteniate privata e degna di essere raccontata solo alla vostra cerchia più intima di amici.

Quando condividi qualcosa di te stesso, farai sentire l'altra persona importante per voi, come se avesse il controllo della situazione e possa esercitare un certo potere su di voi; inconsciamente è come se avesse qualcosa su di voi nel caso in cui le cose vadano male.

Naturalmente, non dovreste condividere nulla che sia effettivamente dannoso alla vostra persona, o almeno non condividete qualcosa che possa incriminarvi o danneggiarvi in qualche modo.

Per esempio, quando siete fuori a bere, iniziate a parlare con disinvoltura del vostro "segreto", facendo finta di non rendervi conto che state raccontando qualcosa di rilevante e assicuratevi che il vostro bersaglio vi abbia sentito chiaramente. Non condividete il vostro "oscuro segreto" con l'altra persona con un "Ehi, posso dirti un segreto?", diteglielo casualmente nel corso della conversazione, sempre nel modo più naturale possibile, non cercate a tutti i costi di spingere forzatamente la conversazione nella direzione che volete, questo sarà la peggior azione che potreste intraprendere oltre a far insospettire la persone, finirà col farvi perdere qualsiasi tipo di influenza.

Quando fai sentire l'altra persona come se avesse il comando della situazione, tenderà ad abbassare le proprie difese e diventerà più suscettibile ai vostri suggerimenti.

Nascondi le tue intenzioni usando l'altruismo

È importante che il vostro bersaglio vi veda come una brava persona. Se mai aveste bisogno di nascondere alcuni vostri comportamenti negativi in presenza di altri, è sempre conveniente celare le vostre azioni con l'altruismo, che siano critiche o il dare la colpa a altri(indipendentemente dal fatto che la colpa sia vostra o no). Questo può sembrare sinistro, ma credetemi, funziona davvero.

Per esempio, se dovessi urlare contro il tuo bersaglio perché ti sei sentito troppo frustrato con lui, puoi immediatamente scusarti per il tuo sfogo e poi dirgli che stavi cercando solo di aiutarlo, ma hai perso la pazienza perché appunto un argomento a cui tieni veramente. Dite alla persona che vi dispiace di essere così emotivi, ma è successo solo perché tu "sinceramente" volevi che avesse successo. Se ci riesci in modo corretto e se si equilibrano bene le scuse, l'altra persona potrebbe anche scusarsi con te per aver reagito in quel modo, usato quei termine, risposto male o semplicemente per il suo modo di comportarsi.

Ora, se sei stato sorpreso a criticare qualcun altro, chiarisci immediatamente la cosa dicendo che non importa quali orribili cose fanno le altre persone, tu ci sarai sempre per loro. Invece di criticare le scarse prestazioni del vostro bersaglio, chiedetegli cosa potete fare per aiutarlo. Questo vi permetterà di apparire ai suoi occhi come una persona gentile che non vorrebbe deludere le aspettative. Se il vostro bersaglio vi teme, avrà paura della vostra rabbia e terrà altele sue difese contro i vostri attacchi. Tuttavia, se vi rispetta per essere stato così gentile, abbasserà volentieri le difese; si sentirà molto peggio quando per qualche motivo sa che siete rimasti deluso dalle sue prestazioni.

Con queste tecniche, potete far sentire chiunque a proprio agio intorno a voi, e questo aprirà innumerevoli opportunità per influenzare coloro che vi circondano e li condizionerà a fare le azioni che volete siano fatte per voi.

Gli esseri umani sono alimentati dalle emozioni la maggior parte del tempo, ed è per questo che è necessario tenere sotto controllo le proprie emozioni mentre si manipolano i sentimenti e le idee degli altri. Questa disconnessione vi proteggerà da qualsiasi ripercussione nel caso in cui il vostro piano fallisca.

Il potere del fare favori

"Chiedi e ti sarà dato", questo vecchio detto è applicabile anche nelle tattiche di manipolazione, ma prima occorre un po' di preparazione. Una volta capito il potere dei favori, puoi usarlo per chiedere a chiunque ciò che vuoi.

Chiedere favori per ottenere favori

Benjamin Franklin una volta disse: "Chi ti ha fatto una volta una gentilezza sarà più predisposto a farlo di nuovo, rispetto a colui che tu stesso hai obbligato". Franklin in realtà ha messo questo alla prova durante il periodo in cui i Padri Fondatori stavano ancora redigendo la Costituzione. All'epoca, Franklin affrontò un'aspra opposizione da parte di un potente legislatore, al quale cercava di far cambiare idea e cambiare schieramento.

Franklin sapeva che l'adulazione non avrebbe funzionato e la corruzione lo avrebbe reso solo un alleato superficiale, aveva bisogno di manipolare la mente della persona per piacerle davvero.

Franklin sapeva che il legislatore possedeva una copia di un libro molto raro, così chiese al suo rivale se potesse prenderlo in prestito da lui.

Il legislatore gli ha permesso di prendere in prestito il libro e Franklin glielo restituì dopo un paio di giorni, con una breve nota di ringraziamento. Questo semplice atto ha trasformato il rapporto che i due avevano e lo spinse a rivalutare Franklin. Questo è il risultato di un processo di dissonanza cognitiva.

Ciò che potrebbe aver attraversato la mente del legislatore potrebbe essere simile a questo: "Io tendo a prestare oggetti a persone di cui mi fido; ho prestato un libro a Benjamin Franklin; quindi, devo fidarmi di Franklin". La ragione di questo improvviso cambiamento viene dalla sua Mente, la quale tende a trovare una motivazione o semplice rapporto di logica causa-conseguenza, alle azioni compiute e quindi giustificare il motivo per cui ha prestato il libro a Franklin, una persona che fino a pochi giorni prima detestava odiava, un libro tra l'altro molto raro e costoso, che per il legislatore rappresentava un valore. Piuttosto che pensare ad altre ragioni, la mente del legislatore ha trovato molto più facile cambiare il suo punto di vista su Franklin.

Potrebbe sembrare contro-intuitivo chiedere un favore a una persona per ottenere la sua fiducia, ma funziona, a patto che il favore non sia così grande, ovviamente. Quindi, se si vuole ottenere

la fiducia della persona, chiedetegli un piccolo favore e ricambiate mostrando la vostra più sincera gratitudine.

Fare favori senza aspettarsi niente in cambio

Naturalmente, non dovreste chiedere sempre e solo favori al vostro bersaglio. Dovete fare anche voi la vostra parte. Infatti, l'approccio migliore è quello di chiedere prima un favore solo per dare inizio al vostro rapporto e poi rafforzare la connessione con il soggetto facendo anche voi, a vostra volta, favori all'altro.

Fai piccoli favori come comprargli un caffè quando lo incontri, o anche offrirgli il pranzo di tanto in tanto. L'effetto di reciprocità farà sentire il vostro bersaglio a disagio a meno che non vi restituisca il favore, il che lo rende più suscettibile ai vostri suggerimenti. Tuttavia, c'è un avvertimento: dovete fargli credere che non vi aspettiate nulla in cambio, far sembrare che voi non abbiate un secondo fine. Questo significa che non si chiede il favore in seguito, si lascia solo l'altra persona marinare nella sensazione di disagio causata dall'effetto di reciprocità prima di far scattare la trappola. Più aspettate, più il bersaglio sarà sensibile alle vostre azioni.

Il trucco di fare favori è che non dovete mai chiamarli in causa, quando ne sfrutti il potere in modo appropriato, le persone a cui avete fatto favori vogliono inconsciamente ripagare i loro debiti senza che voi glielo chiediate, vogliono a tutti i costi liberarsi da questa sensazione di non equilibro.

Cosa fare se l'altra persona rifiuta?

Non scoraggiatevi quando il vostro obiettivo si rifiuta di farvi un favore. In effetti, è effettivamente vantaggioso per te, che tu ci creda o no. Se trattate le persone in modo gentile (vedi il capitolo precedente) con difficoltà riusciranno a declinare le vostre richieste una seconda volta. Quindi, se il vostro bersaglio rifiuta di farvi un favore la prima volta, lasciatelo scivolare e ditegli che in realtà non è un grosso problema, il che è vero.

Tuttavia, non si dovrebbe chiedere un favore il giorno dopo, basta aspettare un paio di giorni e non parlare mai dell'argomento per il momento. In realtà è meglio se il vostro obiettivo dimentica che vi ha rifiutato un favore, perché lo tormenterà ancora di più inconsciamente quando gli chiederete un favore la volta successiva.

ESERCIZI PRATICI

Apprendere gli elementi fondamentali della comunicazione non verbale e le loro applicazioni ad un livello puramente teorico si rivela di scarsa o di nessuna utilità se, poi, nel concreto, non siamo in grado di farne un uso pratico; al fine di trarne un beneficio reale e tangibile, è necessario imparare a leggere il linguaggio corporeo delle persone che ci circondano nella vita di tutti i giorni, valutare quello ci comunica e comportarci di conseguenza, parlando con gli altri, a nostra volta con il lessico del nostro corpo.

Non si tratta dunque di una disciplina teorica, ma di una pratica, una tecnica che bisogna imparare a maneggiare tramite un esercizio costante, che ci consentirà, con il tempo, di affinare le nostre capacità, in modo da poterle utilizzare nella vita quotidiana.

Passiamo, allora, ad elencare una serie di spunti pratici che possono rivelarsi utili per esercitarsi ad interpretare la comunicazione non verbale ed esprimersi con essa, da svolgere da soli o insieme agli altri.

• Guardare la televisione, un film o una serie disattivando l'audio può costituire un semplice esercizio che ci spingerà e ci abituerà a focalizzare la nostra attenzione sull'espressione corporea, allo scopo di comprendere ciò che sta accadendo solo tramite l'osservazione. Privati del supporto verbale al quale siamo abituati, saremo costretti ad avvalerci esclusivamente della lettura del linguaggio corporeo per comprendere le emozioni che i soggetti provano e la situazione nella quale si trovano; naturalmente, sarà tanto più efficace se guardiamo qualcosa che non abbiamo già avuto modo di vedere in precedenza con l'audio.

• Lo stesso esercizio può essere eseguito osservando le persone che ci circondano nella vita "reale" di tutti i giorni, in particolare quando queste siano abbastanza lontane da noi, in modo tale da non avere la possibilità di ascoltare ciò che dicono, costringendoci, in questo modo, ad interpretare l'espressività corporea.

Quando ci mettiamo alla prova con questa tipologia di esercizi può rivelarsi utile porsi, in maniera sistematica, una serie domande che ci stimolino valutare i tratti caratteriali e le emozioni in gioco nella situazione che stiamo osservando: quale emozione o stato d'animo evinciamo dall'espressività corporea dei soggetti analizzati? Che tipologia di relazione potrebbe legare le persone in questione? C'è confidenza oppure distacco?

Si piacciono, si apprezzano oppure a malapena si sopportano? Di cosa stanno parlando? Prestano attenzione alle parole dell'altro? E così via.

Vi è anche una serie di esercizi che potremmo eseguire in gruppo:

• radunato un piccolo gruppo di persone, ognuna di loro potrebbe scegliere ed assumere un'espressione o un atteggiamento volti alla rappresentazione plastica di una determinata emozione; il ""gioco" consisterà nell' indovinare il significato dell'espressività altrui;

• Ecco un altro esercizio nel quale è possibile coinvolgere anche altre persone, eventualmente anche solo una: chiediamo all'altro di pensare intensamente ad un qualche evento realmente accaduto nella sua vita e caratterizzato da un particolare ed intenso coinvolgimento emotivo: questo evento dovrà essere ricostruito dettagliatamente nella mente, cercando di rivivere appieno l'esperienza in ogni suo aspetto; dall'espressività corporea che assume la persona che ci sta di fronte si tenti, allora, di valutare quale sia, naturalmente in linea generale, il contenuto del ricordo e, soprattutto, si cerchi di capire se è caratterizzato da emozioni positive o negative.

È consigliabile cimentarsi anche in esercizi volti all'ottenimento di un maggiore controllo di sé stessi e dell'espressività del proprio corpo, in modo da poterlo controllare al meglio quando ci troveremo in determinate situazioni sociali che richiedano degli atteggiamenti particolari.

Si tratta di esercizi molto diffusi soprattutto nell'ambito della recitazione e messi spesso in pratica da attori o da chi, magari per ragioni di lavoro, ha bisogno di curare al meglio l'efficacia della propria comunicazione e della propria immagine sociale.

• Uno degli esercizi possibili è costituito dall'immedesimazione volontaria in un particolare stato emotivo: una volta posti davanti ad uno specchio, portare alla mente il ricordo di un'esperienza vissuta sulla propria pelle allo scopo di suscitare una certa reazione emozionale; a questo punto occorrerà osservarsi allo specchio con attenzione per registrare la propria risposta corporea a questo stimolo e memorizzare quale sia il mutamento nell'espressività facciale e nella postura;

• L'esercizio può essere eseguito anche in modalità "inversa", ovvero: sempre davanti ad uno specchio, concentrarsi sull'assunzione di una particolare espressione o di un atteggiamento posturale, oppure sull'esecuzione di determinati movimenti come, ad esempio, lo sfregamento di un punto del corpo con le mani; a questo punto prestare la massima attenzione alle reazioni che questo atto riesce ad innescare, concentrandosi sulla propria interiorità e registrando quali siano le modificazioni intervenute relativamente al proprio stato emotivo e la propria mente; occorrerà attendere che, semplicemente, la sensazione arrivi alla propria coscienza e, a quel punto, cercare di memorizzarla;

•   Filmarsi mentre si legge, si parla o si interagisce con qualcuno può costituire un altro importante strumento per imparare a conoscere il nostro corpo e la sua espressività; all'inizio potrà fare una strana impressione, ma l'auto-osservazione rappresenta uno degli strumenti più potenti per sviluppare un maggiore controllo di sé; in fondo la persona che vediamo meno siamo proprio noi stessi: è fondamentale, allora, imparare ad essere consapevoli delle proprie peculiarità espressive e della propria gestualità tipica, in modo da poter valutare con consapevolezza se vi siano degli aspetti che sarebbe più opportuno modificare per acquisire un atteggiamento differente. Questo esercizio può rivelarsi particolarmente utile nella preparazione di un discorso, di una lezione o di una conferenza: stiliamo un sommario delle cose da dire ed esercitiamoci davanti alla telecamera ad esporre il nostro intervento, unendo alle parole un'opportuna gestualità corporea.

Mentre rivediamo il filmato che abbiamo girato, prestiamo attenzione anche agli aspetti para-verbali che caratterizzano il nostro modo di esprimerci, che, come abbiamo visto, costituiscono un fattore altrettanto decisivo nella comunicazione non verbale.

Principi di ipnosi

Non pensare al mago che si vede sul palcoscenico e che schioccando le dita fa addormentare una persona presa dal pubblico e le fa fare tutto quello che vuole.
Elimina questa immagine dalla tua mente, perché non stiamo parlando di questo.
L'ipnosi è un meccanismo che fa parte di noi, come la respirazione. Ti sarà capitato mille volte di camminare o di guidare senza rendertene conto, senza essere pienamente cosciente di quello che stavi facendo.
Hai inserito il pilota automatico: sei vigile e sveglio ma non conscio.
Oppure, magari, ti sarà capitato mentre leggi un libro che ti appassiona particolarmente: sei talmente immerso nella storia, nei personaggi e nelle emozioni che stai provando che non ti rendi conto del tempo che passa.

Allora, ti piacerebbe saperne di più sull'ipnosi?

Benvenuto nel mondo dell'ipnosi colloquiale: un'abilità che si può apprendere facilmente e che dà risultati strepitosi.

L'ipnosi colloquiale funziona così bene perché non si tratta di fare un lavaggio del cervello o di far addormentare qualcuno muovendo un oggetto davanti ai suoi occhi.

Si tratta di modificare la mente degli altri lasciandoli credere di avere sempre il pieno controllo delle loro decisioni.

Ti è mai capitato di essere in un negozio e, dopo aver parlato con un commesso, ti sei ritrovato direttamente alla cassa con la carta di credito in mano? Eppure, eri lì solo per dare un'occhiata e non per comprare qualcosa. Probabilmente il commesso ha utilizzato una forma di ipnosi colloquiale su di te.

Allora, come si impara l'ipnosi?

In poche parole, hai bisogno di diventare un maestro nell'arte del linguaggio del corpo: devi saper leggere le espressioni facciali e i gesti molto velocemente per avere un'idea chiara della persona che stai ipnotizzando.

Devi imparare a capire i messaggi subliminali nelle conversazioni e devi avere un'infarinatura generale di sociologia e di psicologia.

Tutto questo potrebbe sembrarti difficile all'inizio ma, giuro, non si tratta di astrofisica.

Con l'atteggiamento giusto e tanta pratica puoi raggiungere un buon livello molto velocemente.

Conversazione ipnotica

La prima cosa da definire quando si parla di ipnosi conversazionale è che questa non ha quasi nulla a che vedere con l'ipnosi tradizionale.

La stessa modalità d'approccio verso il soggetto da manipolare è la principale caratteristica che differenzia queste due tipologie di ipnosi.

Quella "standard" richiede la messa a fuoco e l'attenzione del soggetto da ipnotizzare, mentre l'ipnosi conversazionale si concentra sull'applicazione di tecniche che lo vanno ad "ammorbidire" usando, ad esempio, stati di confusione, fatica, attenzione diretta e frasi interrotte.

Anche le emozioni hanno un ruolo importante perché, come vedremo, tutto si gioca sul campo dell'inconscio.

Sei davanti alla televisione a vedere un bellissimo film sulla seconda guerra mondiale.

Un sottomarino è appena stato colpito ed inizia ad affondare sempre più in profondità.

L'equipaggio fa di tutto per riparare i danni, il comandante lancia ordini ben precisi e…

…ed ecco che parte la pubblicità: la pubblicità di un nuovo shampoo per capelli.

La tua mente cosciente è occupata a pensare se l'equipaggio del sottomarino riuscirà a salvarsi e quindi il messaggio pubblicitario riesce a colpire il tuo subconscio senza essere filtrato.

Ricomincia il film e tu non saprai mai delle tecniche utilizzare su di te per farti accettare un messaggio pubblicitario e, probabilmente, appena rivedrai quella confezione di shampoo al supermercato, il tuo subconscio sarà lì ad avvisarti.

Non sei consapevole di ciò che è accaduto.

(effetto Zeigarnik che vedremo in seguito).

È importante mettere l'accento sulla differente modalità d'approccio perché sono queste che stabiliscono se il soggetto coinvolto è consapevole o meno del fatto che si stiano effettuando verso la sua persona tecniche finalizzate all'ipnosi.

Infatti l'ipnosi tradizionale prevede che la persona interessata sia consapevole della situazione e abbia piena coscienza di tutto ciò a cui andrà incontro: l'ipnotista è un soggetto ben riconoscibile e che esercita il proprio ruolo in modo trasparente, mettendo a conoscenza il proprio paziente di tutto ciò che andrà ad eseguire.

Di contro l'ipnosi conversazionale è il termine che indica l'intero processo che si attua per cercare di comunicare con la mente inconscia di un'altra persona senza però informare il soggetto che verrà ipnotizzato.

L'obiettivo è dunque quello di modificare il comportamento altrui in modo subconscio, con la finalità che la persona ipnotizzata creda di agire o di prendere decisioni secondo la propria volontà.

Proprio perché questo tipo di ipnosi viene tentata senza che il soggetto ne sia a conoscenza, di solito durante una normale conversazione, viene chiamata anche ipnosi segreta.

Ipnosi segreta è un termine ampiamente usato dai sostenitori della programmazione neurolinguistica (PNL) che è un approccio pseudoscientifico alla comunicazione e all'interazione tra persone. Secondo alcuni sostenitori della PNL, l'ipnosi segreta è il potere ultimo di controllare le menti, che consente di cambiare i comportamenti e di far sì che una persona soddisfi qualsiasi desiderio, senza che mai lo sappia.

Una visione più delicata definisce l'ipnosi conversazionale semplicemente come uno strumento di controllo molto potente, usato sia per influenzare aspetti decisionali che per ottenere informazioni da una persona che è sveglia e senza che questa ne sia deliberatamente consapevole.

Come puoi ben vedere non esiste una definizione univoca e definitiva di ipnosi conversazionale ma tutte queste convergono sull'idea di riuscire a comunicare con la mente inconscia di qualcuno senza che quella persona in particolare se ne accorga.

Sono diverse le tecniche che possono essere utilizzate durante un tentativo di ipnosi conversazionale.
Non sono semplici e richiedono molta preparazione perché qualsiasi tentativo deve essere effettuato nella massima naturalezza.
Possono essere utilizzate sia per crearsi un varco verso il subconscio della persona che abbiamo davanti, sia per verificare che i tentativi siano andati a buon fine.
Vediamone alcune sulle quali è possibile iniziare ad esercitarsi.

1. Interruzione dell'abitudine

Gli esseri umani sono abitudinari, le abitudini che si formano nella nostra testa e quelle che attecchiscono nel nostro subconscio determinano gran parte della nostra vita.
Si guida un'automobile in modo automatico, si accende l'interruttore quando è buio in modo automatico, alcuni accendono una sigaretta in modo automatico.
Quindi, quando si incontra un amico ci si attende automaticamente che ci si saluti con una stretta di mano.
Le abitudini (se buone abitudini) sono tutt'altro che negative e riducono la quantità di dati da elaborare che la nostra mente cosciente deve fare ogni giorno.
La tecnica di interruzione dell'abitudine consiste nel creare un cortocircuito inconscio interrompendo un'abitudine molto popolare.
Quando ciò avviene si crea un arco temporale di circa 5 secondi all'interno del quale è possibile dialogare direttamente con il subconscio dell'altra persona ed eventualmente inviare comandi ipnotici.
Una celeberrima tecnica associata all'interruzione è quella della stretta di mano (divenuta famosa grazie al padre dell'ipnoterapia Milton Erikson).
Le strette di mano sono la forma di saluto più comune nella nostra società.
Incontri un amico e gli stringi la mano.
La tecnica dell'interruzione della stretta di mano scuote il subconscio sconvolgendo una comune norma sociale.
Infatti, invece di stringere la mano come accade normalmente, l'ipnotizzatore interromperebbe il modello che la nostra mente ha stabilito afferrando il polso oppure tirando il soggetto in avanti e fuori equilibrio.
Con lo schema interrotto, la mente del subconscio è improvvisamente aperta e pronta ad essere suggestionata.

2. Tecnica del rilassamento

Il rilassamento è una delle tecniche basi dell'ipnosi classica. "Allungati, chiudi gli occhi e rilassati". Perché i terapeuti chiedono di "mettersi a proprio agio" e utilizzano sempre un comodo divano su cui sdraiarsi? No, non è cortesia.

Il rilassamento è un metodo comune usato dai terapeuti: se il cliente è rilassato, può cadere in trance e la mente è aperta alla suggestione.

Ovviamente un conto è effettuare un tentativo classico di ipnosi, un altro è tentare un'ipnosi segreta dove il soggetto non è a conoscenza di tale tentativo: non si può chiedergli di rilassarsi.

La tecnica di rilassamento più comune che può essere adottata anche durante un tentativo di ipnosi segreta è quella di parlare con un tono morbido, senza presenza di eccessivi sbalzi del tono della voce.

3. Osservazione degli occhi

Più che per aprire le porte dell'inconscio, l'osservazione degli occhi torna utile per capire se il soggetto sta utilizzando la parte conscia della sua mente o quella inconscia.

La destra gestisce il lato più "creativo" e cosciente mentre la sinistra è il lato "pratico" ed è gestito dal subconscio.

Durante una tentata ipnosi segreta è bene osservare con attenzione lo sguardo dell'altra persona.

Se gli occhi guardano a sinistra (la destra dell'osservatore) allora la persona sta accedendo alle informazioni presenti nel suo subconscio ed ha temporaneamente abbandonato il suo essere cosciente.

Anche uno sguardo fisso su un oggetto (anche il famoso sguardo fisso nel vuoto) è un segnale interessante che ci fa capire come la mente inconscia sia attiva.

Questi sono segnali che indicano che è possibile tentare di inviare un suggerimento ipnotico.

4. Enfatizzazione a sinistra

La suddivisione della mente conscia e subconscia nei due emisferi fa sì che si possa sfruttare una tecnica molto interessante anche se particolarmente complessa da mettere in pratica.

Infatti richiede grande esercitazione perché la tempistica e la precisione d'applicazione è determinante.

La tecnica consiste nel parlare con il nostro interlocutore cercando di ottenere un contatto visivo stabile.

A quel punto si può scegliere se fissare e parlare al lato destro del soggetto (quello conscio) oppure al lato sinistro (quello inconscio).

Il discorso non può essere improvvisato perché è necessario sapere cosa dire al lato destro e cosa dire al lato sinistro!

Cerco di spiegarlo con un esempio.

"Ho capito che hai dei dubbi riguardo il prodotto però, GUARDAMI! Credo che prendere la giusta decisione DEVI RILASSARTI e pensare a quanto ti potrà essere utile.

Tutti coloro che hanno deciso di COMPRARE QUESTO PRODOTTO hanno avuto enormi benefici.".

Si parte fissando l'occhio destro per poi spostarsi rapidamente a quello sinistro enfatizzando la parola "GUARDAMI" per poi tornare subito a fissare il destro e proseguire fino a "DEVI RILASSARTI" che deve essere nuovamente pronunciato in direzione dell'emisfero sinistra, per poi subito tornare a rivolgersi a destra, e così via.

Questo è una tecnica molto complessa che presuppone una enorme abilità nella gestione dei tempi e dei toni della propria voca.

Il tutto deve risultare comunque naturale.

Durante una conversazione lunga, la mente inconscia del soggetto inizierà a comprendere quali sono le parole rimarcate, le più importanti del discorso poiché saranno enfatizzate dal tono e dallo sguardo.

5. Tecnica della direzione sbagliata

Pensiamo ad un mago che agita la sua bacchetta magica e poi estrae il coniglio dal cilindro.

Il pubblico è in visibilio, come ha potuto compiere una tale magia?

Grazie alla bacchetta magica!

No, non sono impazzito.

Sicuramente la manualità nell'eseguire un numero di magia è determinante ma la bacchetta magica è quell'elemento che tutti sottovalutano.

Infatti chiunque è consapevole che la bacchetta in sé non ha nulla di magico ma il mago, agitandola con la mano sinistra, utilizza la tecnica della distrazione attirando lo sguardo del pubblico nel lato sbagliato e permettendogli di operare indisturbato con la mano destra.

Riuscire a catapultare mentalmente su una spiaggia rilassante una persona carica di ansia e preoccupazioni crea un cortocircuito in grado di aprire un varco verso il subconscio.

6. La metafora

L'utilizzo della metafora è una tecnica utilizzata per cambiare la percezione del soggetto su un determinato argomento.

Ipotizziamo che l'argomento sia la perdita di peso.

Sicuramente il soggetto vede questa cosa come una fatica, come un insieme di privazioni, come una sfida dura da affrontare e solitamente parte già battuto.

Ipotizziamo che il soggetto sia anche un grande appassionato di calcio.

Perché non provare ad associare un percorso di perdita di peso al percorso necessario per vincere la Champions League?

"Perdere peso è come affrontare il cammino per vincere la Coppa dei Campioni. All'inizio si incontrano squadre più deboli, l'obiettivo è lontano e la motivazione è minore. Però man mano che si prosegue lungo il cammino si iniziano a vedere i risultati dell'allenamento quotidiano.

Ogni giorno è come una partita, un passo in più verso la finale.".

In generale le metafore sono considerate terapeutiche.

Ecco una delle più classiche:

Il tuo corpo è come una macchina. Fornisci il giusto carburante e si comporterà bene. Se trascuri la manutenzione o utilizzi carburante scadente si romperà.

7. L'illusione della scelta

Questa tecnica ipnotica è utilizzata inconsapevolmente molto spesso dai genitori verso i propri figli.

Consiste nel porre una domanda che prevede due possibili scelte, solo che la stessa domanda è illusoria dato che solo una è la scelta possibile.

"Mangi tutto oppure vuoi andare a letto senza mangiare?".

In questo caso la domanda prevede due opzioni ma la seconda, che presuppone anche l'andare a dormire, è scartata in partenza.

Un altro esempio può essere "Vuoi andare a dormire adesso oppure tra 10 minuti?".

Davanti a questa domanda il bambino ha l'illusione di poter scegliere ma la realtà è che è il genitore a stabilire che andrà a letto tra dieci minuti.

8. L'ambiguità

"Gli oratori sono più veementi quando la loro causa è debole" (Cicerone)

La tecnica dell'ambiguità è una di quelle che maggiormente subiamo ogni giorno, la definisco la tecnica del politico.

L'uso di discorsi ambigui è un modo comune con cui molti leader di partito o dittatori affamati di potere ipnotizzano le masse.

Molti cosiddetti grandi leader politici non sono altro che abili oratori che riescono a bypassare il pensiero critico.

Il più delle volte i discorsi dei leader politici sono privi di logica. Sono pieni di ambiguità e di slogan vaghi che non hanno altro scopo se non quello di stuzzicare le emozioni della folla.

Un leader logico che usa un discorso chiaro e non ambiguo e non suscita le emozioni del popolo difficilmente ha la meglio.

Questo accade perché la mente cosciente non trova difficoltà a capire il significato di frasi semplici e logiche.

Anzi, queste tendono spesso anche ad annoiare l'ascoltatore.

Invece l'uso parole vaghe e ben calibrate per suscitare le emozioni, ha un effetto devastante.

La mente cosciente è impegnata a capire il significato logico della frase (che non esiste) e, nel frattempo, viene bombardata di suggerimenti.

Immagina un politico che inserisce questo post su Facebook:

"Italiani! Basta! È ora di svegliarsi e correre nelle piazze per il cambiamento! Dobbiamo scegliere una nuova strada e solo insieme possiamo farlo! E si può fare solo votando il Partito Xyz!".

Un'accozzaglia di frasi senza senso e senza filo logico che però sono utilissime ad unire intere folle.

9. Le congiunzioni

L'uso delle congiunzioni è una tecnica di ipnosi sia tradizionale che nascosta. Questa tecnica di ipnosi segreta comporta l'affermazione di alcune verità assolute che il pubblico o il soggetto può verificare immediatamente.

Dopo aver dato una serie di informazioni ovviamente corrette si aggiunge, mediante l'utilizzo di una congiunzione, il messaggio che si vuole trasmettere.

A quel punto chi ascolta è predisposto ad accettare quello stesso messaggio nell'insieme delle verità che lo hanno preceduto.

Infatti mentre inizialmente la mente conscia analizza tutti i messaggi che riceve, una volta abituata ad accettarli come veri (perché palesemente veri) abbassa la guardia, si impigrisce e perde la sua capacità di controllo.

Una serie di messaggi veri provoca inoltre un aumento della fiducia. Quando un oratore riesce a costruirsi la fiducia a livello conscio, guadagna il potere di programmare la mente inconscia con qualsiasi suggerimento desideri inviare.

10. Le presupposizioni

L'uso delle presupposizioni è molto comune nel settore delle vendite. Consiste nell'abilità di utilizzare una presupposizione non verificata. Faccio un esempio.

Affermare subito "L'aspirapolvere che ha davanti è il migliore sul mercato!" porta immediatamente una risposta da parte della mente conscia del potenziale cliente: "E chi l'ha detto? Quali sono le prove?".

Il cliente in questo caso va subito sulla difensiva.

Però la stessa frase è possibile utilizzarla come presupposizione.

"Presupponendo che l'aspirapolvere che ha davanti sia il migliore sul mercato, quante cose potrebbe fare in più durante la giornata con il tempo risparmiato ad eliminare la polvere dai pavimenti?".

In pratica si offre il proprio suggerimento come verità assoluta (si presuppone) per poi spostare l'attenzione del cliente a ragionare su un'altra situazione.

In questo caso il risparmio del tempo evoca anche belle emozioni.

11. *Tono della voce*

L'intonazione e il tono della voce determinano a livello inconscio profondo che tipo di frase si sta ascoltando.

La stessa frase può essere interpretata in modo diverso a seconda della tonalità.

Una frase con tonalità discendente (alta all'inizio e bassa alla fine) apre il modulo di comando nella mente del soggetto che abbiamo difronte.

È più probabile che le persone facciano quello che gli si chiede di fare quando si parla con un tono discendente, perché la loro mente lo elabora come un comando.

LEGGERE E MANIPOLARE IL TUO INTERLOCUTORE

Probabilmente hai già sentito questa sigla ma non hai mai approfondito il discorso.

Alcuni pensano che sia uno strumento di cambiamento efficace, altri non la possono sentire nominare e credono che sia una sorta di setta, oppure uno strumento di persuasione, altri ancora credono di sapere che cos'è, ma in realtà non hanno capito molto...

La ragione di tutta questa confusione è dovuta al fatto che la PNL non ha un'unica definizione.

PNL sta per Programmazione Neuro-Linguistica e si occupa dello studio dell'esperienza soggettiva, analizza come le persone organizzano il loro modo di pensare, le loro emozioni, i loro comportamenti per ottenere certi risultati ed esamina ulteriormente le differenze tra chi ottiene risultati nella media e chi, invece, è un maestro in quella determinata attività.

Approfondiamo singolarmente le parole che compongono la PNL.

Il termine "neuro" rappresenta il sistema nervoso e la mente.

Attraverso i cinque sensi viene catturata la realtà che percepiamo e viene archiviata nella mente, dando origine alla mappa neurologica.

La parola "linguistica" indica il linguaggio attraverso il quale la mappa neurologica è tracciata.

Il termine "programmazione" rappresenta invece l'insieme dei comportamenti che sono influenzati dalle mappe neurologiche e linguistiche.

La PNL è modellamento.

Modellare è un processo che ha lo scopo di identificare un pattern, uno schema comportamentale in una persona che ha ottenuto risultati incredibili e lo rende replicabile.

In parole semplici, modellare è il processo di individuazione di ciò che fa la differenza tra una performance di successo e una nella media.

Una volta individuata la strategia comportamentale, il modellatore la testa su sè stesso e, se ottiene il risultato eccellente, significa che il modellamento è stato svolto con successo.

La PNL è applicare le strategie che sono state modellate.

Una volta identificati i pattern di successo, bisogna metterli in pratica.

Ecco alcuni campi di applicazione:
•   Su sè stessi per migliorarsi e raggiungere con successo i propri obiettivi
•   Nella comunicazione con gli altri per creare relazioni solide e durature
•   Nella formazione

- Nel marketing e nella vendita a scopo persuasivo

Utilizzare la PNL come panacea:

1. *Raggiungere i propri obiettivi*

Raggiungere i propri obiettivi non è come dirlo; bisogna essere motivati e bisogna diminuire il conflitto interiore con sè stessi.
Un obiettivo deve essere chiaro al nostro inconscio, quindi non può contenere una negazione (esempio: non voglio più essere povero) deve essere specifico al presente, deve essere raggiungibile ed ecologico.
Ecologico nel senso più puro del termine: deve rispettare te stesso e chi ti circonda.
Se, ad esempio, per raggiungere il tuo obiettivo devi rinunciare a vedere i tuoi cari o devi mettere a rischio la tua salute, è molto probabile che incontrerai delle resistenze che ti metteranno in difficoltà.
Per essere sempre motivati, bisogna avere bene in mente la propria gerarchia dei valori, ossia bisogna sapere perfettamente quello che è importante per te.
Questi valori definiscono le tue azioni e influenzano i risultati che ottieni.
Spesso, la gerarchia dei valori è inconscia, quindi, per definizione, non sei consapevole di quello che è più importante per te, mentre, quando definisci i tuoi obiettivi lo fai con la tua mente conscia.
Non conoscere i tuoi valori inconsci potrebbe creare un conflitto interno dovuto al fatto che l'obiettivo che ti sei prefissato viola i tuoi valori e quindi non sarà possibile raggiungere quel risultato.

2. *Convinzioni limitanti e convinzioni utili*
Le convinzioni sono le tue certezze, quello che tu credi essere assolutamente vero relativamente a te stesso e a tutto ciò che ti circonda.
Queste convinzioni nascono a causa di diversi fattori, fra cui le persone che frequenti, la tua esperienza personale, il luogo dove vivi ecc. e possono essere limitanti quando ti ostacolano nel raggiungere i tuoi obiettivi.
Alcuni esempi di convinzioni limitanti sono i seguenti: continuare a ripetersi di non essere all'altezza della situazione, incolpare altre persone e non prendersi la responsabilità dei propri fallimenti.
Le tue convinzioni determinano il tuo stato d'animo che, di conseguenza, determina il tuo comportamento che, a sua volta, influenza i risultati che ottieni.
Proprio per questo motivo, devi cambiare le tue convinzioni limitanti ma, per poterlo fare, devi innanzitutto identificarle.

Uno dei metodi più efficaci per identificare le convinzioni limitanti è porre attenzione alle violazioni linguistiche (ovvero generalizzazioni, cancellazioni e distorsioni) che fai quando descrivi un problema.

Queste violazioni linguistiche seguono i seguenti pattern:
• Sostenere di conoscere che cosa pensa un'altra persona.
• Omettere chi ha espresso un giudizio.
• Attribuire ad eventi esterni la causa dei propri comportamenti o del proprio stato.
• Rendere sinonime due esperienze distinte.
• Cancellazioni di parte del contenuto di una frase.

Come si eliminano le convinzioni limitanti?

Per cambiare, devi riuscire ad avere una visione più ampia, o meglio devi guardare le tue convinzioni attraverso altri punti di vista.
Prova ad osservare come cambia la tua convinzione "dall'esterno" o dal punto di vista di un singolo evento che si è verificato nella tua vita.
Prova a colorare questa convinzione: che colore avrebbe se fosse utile invece che limitante?
Non esistono risposte giuste o sbagliate, semplicemente devi concentrare tutte le tue attenzioni al cambiamento della convinzione e le emozioni che questa variazione genera.
Un'altra tecnica per eliminare una convinzione limitante con la PNL è il re-imprinting.
L'imprint è la prima fase della vita durante la quale i genitori (e le persone più strette) ci trasmettono le convinzioni e i valori che abbiamo tuttora.
Il re-imprinting sfrutta il reframing, ovvero la riformulazione del modo di percepire una situazione per modificarne il significato.
Attraverso il reframing puoi liberarti in modo efficace della convinzione limitante.

Le convinzioni influenzano le tue emozioni: quelle utili fanno nascere emozioni positive, mentre le convinzioni limitanti generano emozioni negative.
Se la tua convinzione è quella di essere troppo timido per parlare in pubblico e non all'altezza, quando dovrai farlo per svolgere una presentazione, percepirai molte emozioni negative.
Sarai invece entusiasta di parlare in pubblico se sei sicuro di te e se farlo non ti crea il minimo imbarazzo.
Le emozioni, come le convinzioni, possono essere utili quando sono positive e ti supportano o limitanti quando ti ostacolano.

Le emozioni, a loro volta, influenzano il tuo comportamento automatico come la respirazione, il battito del cuore e il comportamento meno inconscio come mangiarsi le unghie o fumare, eccetera.

Per modificare i comportamenti, bisogna agire a livello psicologico modificando le convinzioni e le emozioni.

Lo scopo è quello di generare nuovi comportamenti che permettano di avere più scelta di fronte agli eventi.

Il cambiamento può avvenire in tre modi differenti: esplosivo, evolutivo o ritardato.

Il cambiamento esplosivo avviene in breve tempo e stravolge la vita di una persona: ad esempio, con una tecnica di PNL ci si può liberare di una fobia che ci ha tormentato per tutta la vita.

Il cambiamento evolutivo è graduale e ti permette di evolvere giorno per giorno: ad esempio, leggere un libro ogni due mesi tra 10 anni avrà apportato a un grande cambiamento nella tua vita.

Il cambiamento ritardato matura nell'inconscio e, di conseguenza, non è percepibile ma c'è.

3. relazioni negative e comunicazione

La comunicazione è uno degli elementi fondamentali nelle relazioni e con la PNL sarai in grado di risolvere i conflitti e di far percepire agli altri che le conosci da una vita.

Le tecniche di comunicazione ti permettono di far sentire le persone a proprio agio, di essere sempre compreso, di motivare le persone ad agire e di creare relazioni solide.

PNL e manipolazione

Hai mai tentato di parlare con un'altra persona che non comunica in una lingua simile alla tua? Forse tu comunichi in inglese e l'altro individuo parla cinese.

L'individuo che parla cinese sta segnalando freneticamente qualcosa; tuttavia, non si sa assolutamente di cosa ha bisogno.

Si fanno numerose teorie: provi ad offrire un telefono e loro scuotono la testa, dell'acqua e loro scuotono la testa. Indipendentemente da ciò che offri, l'altro individuo si rivela sempre più irritato o sconcertato, poiché non riesce a comunicare con te.

Alla fine, l'individuo si tempesta senza aver mai ottenuto ciò di cui aveva bisogno, e tu ti ritrovi a considerare ciò che in ogni caso era così freneticamente richiesto.

Voi siete sia l'anglofono che il cinese, una parte di voi parla solo in inglese mentre l'altra cerca freneticamente di impartire in cinese.

Nessuna delle due parti può parlare con l'altra, né entrambe finiscono per essere disconnesse, deluse e senza un'adeguata corrispondenza.

Questo è davvero ciò che accade nel vostro cervello.

La vostra psiche cognitiva pensa in un unico modo, e il cervello ignaro pensa in modo inaspettato.

I vostri sentimenti non sono d'accordo con i vostri obiettivi.

Il vostro linguaggio del corpo non si adatta.

In sostanza, persegui la complessità dell'intreccio, nonostante il modo in cui comprendi ciò di cui hai bisogno.

Ricordate che il vostro cervello ignaro non è destinato ad essere vostro nemico.

Non è qualcosa che dovrebbe essere sottomesso o controllato.

O forse, è qualcosa da imbrigliare e lavorare all'interno della coppia.

Ciò nonostante, questo implica che dovete trovare il modo appropriato per parlare con lui.

Nella remota possibilità che tu riesca a dare un senso al metodo corretto per parlare con quel pezzo di te stesso che ti è sfuggito di mano, puoi trovare un accordo con i tuoi desideri e i tuoi desideri consapevoli.

La qualità delle nostre relazioni è direttamente proporzionale alla qualità delle nostre conversazioni.

Quando parli devi assolutamente evitare i silenzi imbarazzanti, perché renderanno il tuo messaggio poco credibile.

Come fare? Come non sentirsi impacciati quando parliamo? Si può davvero arrivare dritti al punto durante la comunicazione evitando di restare impigliati in quella patina di superficialità a cui sembrano condannate la maggior parte delle conversazioni?

Ecco alcuni trucchi per sfondare il muro di banalità e sedurre velocemente il tuo interlocutore:

• Usa domande aperte.

Invece di chiedere «Ti piace fare sport?», formula la domanda in modo da evitare una risposta secca del tipo "Sì" o "No".

Puoi ampliare la conversazione e renderla molto più ricca e interessante chiedendo per esempio «Come ti piace passare il tuo tempo libero?»: in questo modo, invece di un secco "Sì" o "No", dai la possibilità alla persona dinanzi a te di fornire al discorso ulteriori dettagli e aneddoti, materiale prezioso per analizzare il profilo del tuo interlocutore e per chiedergli ulteriori dettagli sulle storie da lui raccontate.

- Le persone amano parlare di sé stesse: più glielo fai fare, più ti adoreranno.

Ascolta molto attentamente i dettagli di quello che ti dicono i tuoi interlocutori, cercando di ricordare tutto grazie anche alla tua memoria infallibile che dovrai aver allenato.

Quando dovrai affrontare un discorso persuasivo in meno di dieci minuti, potrai centrare il tuo messaggio attorno ai temi chiave così individuati.

Ognuno di noi ha un tallone d'Achille e non è necessario essere Sherlock Holmes per scovarlo.

Ti basta solo un po' di pazienza, attenzione e (di nuovo) memoria!

- Fatti raccontare una storia dal tuo interlocutore.

Siamo essere umani, e in quanto tali viviamo di storie, racconti, desideri e speranze.

Farsi raccontare delle storie personali significa accedere ad un piano emotivo profondo, e se ci riuscirai, nulla potrà fermarti.

Per rendere la comunicazione efficace in meno di dieci minuti, inizia raccontando tu stesso una storia, e invita così il tuo interlocutore a fare lo stesso.

Questa pratica ti metterà su un piano emotivo comune che arricchirà la tua interazione e faciliterà il lavoro quando proverai a persuadere l'altra persona.

La prossimità emotiva farà rilassare le difese di chi ti ascolta, rendendo così più semplice la tua opera di convincimento.

- Gestisci l'ascolto attivo: stai parlando con un tuo superiore, o una persona da cui vuoi ottenere qualcosa? Mostra interesse, palesa la tua curiosità e il tuo coinvolgimento nella conversazione, sempre in maniera naturale, magari chiedendo dettagli o chiarimenti rispetto a quello che ascolti.

Puoi anche modulare le tue risposte sulla base delle idee che ti vengono dette: la tecnica della ripetizione è efficacissima e funziona anche con gesti ed espressioni, oltre che con le parole. Modulare e adattare il tuo linguaggio non verbale sulla base di quello dell'altra persona è un trucco da veri maestri.

Siamo già nell'ambito della P.N.L., ma puoi provare a sperimentarlo se te la senti. Altrimenti, prova a formulare sotto forma di domande cose dette dall'altra persona.

Il semaforo dei segnali

I segnali rivelatori agli occhi di chi sa leggerli, riescono a comunicare un qualcosa che va oltre alle parole, ma che non per questo ne è per forza in contraddizione.

Sicuramente nella vita di tutti i giorni ti sarà già capitato di sperimentare nella pratica la presenza di questa tipologia di segnali.

Prova a pensare ad un dialogo con un tuo collega o con un tuo amico.

Magari gli stavi raccontando qualcosa che per te era molto interessante, ma intravedevi nella sua espressione il completo disinteresse o, al contrario, grande partecipazione con la tua storia.

Bene, questi sono dei classici esempi di segnali rivelatori.

I segnali rivelatori, infatti, generalmente si concentrano sulla comunicazione di tue tipologie di messaggi.

La prima tipologia riguarda la comunicazione di sensazioni, la seconda, invece, riguarda le emozioni.

I segnali rivelatori delle emozioni sono abbastanza importanti, dato che sono in grado di fornire precise indicazioni, se letti a dovere, su cosa prova il proprio interlocutore per davvero durante un dialogo.

Tuttavia, sono i segnali rivelatori delle sensazioni quelli che tornano maggiormente utili quando si tratta di analizzare le persone.

Questa tipologia di segnali, infatti, può tranquillamente essere usata per capire il grado di gradimento o di avversità del nostro interlocutore verso un certo argomento.

Potremmo infatti considerare i segnali rivelatori delle sensazioni come una sorta di semaforo e dividerli nuovamente in tre sottogruppi: i segnali di rifiuto, di tensione e di gradimento.

I segnali di rifiuto sono la luce rossa del nostro semaforo.

Se rilevi uno di questi segnali, potrebbe essere una buona idea cambiare argomento o per lo meno rimodulare il discorso in modo da creare meno astio nel tuo interlocutore.

I motivi per cui una persona emette segnali di rifiuto possono essere molti, dal fastidio nel parlare di un argomento, ai dubbi riguardanti un ragionamento, fino ad arrivare al dissenso vero e proprio verso certe convinzioni.

Arriviamo poi ai segnali di tensione, ovvero il semaforo giallo.

Come nel codice stradale, il semaforo giallo non vuole essere un segnale di stop obbligatorio, ma non è nemmeno un segnale che ti deve spronare a continuare.

Al contrario, un segnale di tensione deve invitarti a valutare un contesto più ampio, in modo da capire se la tensione provata dal tuo interlocutore possa trasformarsi in una sensazione positiva o negativa (nota ancora una volta l'importanza dell'analisi del contesto).

I segnali di tensioni sono comunque utili a capire che il proprio interlocutore non è indifferente rispetto al discorso che stai portando avanti, tuttavia non è comunque ancora convinto al cento percento delle tue parole.

Il fatto che l'attenzione del tuo interlocutore salga potrebbe essere un ottimo segnale per i tuoi scopi.

Cerca quindi anche tu di prestare ancora maggior attenzione alle tue parole e al tuo linguaggio del corpo, in modo da indirizzare la discussione e la ricezione dei tuoi messaggi sui binari che più preferisci.

Infine, abbiamo i segnali di gradimento, ovvero la luce verde del nostro semaforo metaforico.

In questo caso c'è poco da dire.

Se rilevi un atteggiamento riconducibile ad un segnale di gradimento, vuol dire che il tuo interlocutore sta apprezzando ciò che stai dicendo e concorda con le tue parole.

In questi casi hai in pugno la situazione: le persone stanno pendendo dalle tue labbra e puoi portarle dove più preferisci.

Un piccolo appunto prima di proseguire.

Tutti questi segnali, compresi anche i segnali di falso che vedremo nel dettaglio tra poco, sono tanto validi quando chi li emette sta ascoltando, quanto durante la parlata.

Anzi, in alcuni casi potrebbe essere ancora più interessante rilevare questi segnali mentre chi li emette sta parlando, in modo da capire la verità e le sensazioni che si nascondono dietro a determinate parole.

I segnali di falso

Voglio iniziare mettendoti al corrente di due concetti che la maggior parte della gente totalmente ignora, ma fondamentali per una corretta analisi delle persone.

114

Uno: non esistono segnali di falso assoluti.

Due: un segnale di falso non implica per forza di cose che il proprio interlocutore stia mentendo.

Per quanto riguarda il primo punto, la spiegazione che posso darti è alquanto semplice e non mi stuferò mai di ripeterla.
Il contesto è sempre la cosa più importante e per questo motivo ogni segnale deve essere valutato in un quadro più ampio.
Il punto numero due, invece, è un po' più sottile da spiegare.
Fino ad adesso abbiamo capito che i segnali di falso sono quelli che più di tutti sottolineano la presenza di un'incongruenza tra il linguaggio verbale e non verbale.
Ma queste incongruenze sono presenti solo quando si mente spudoratamente?
La risposta è no!
O per lo meno, non tutte le menzogne sono vere bugie.
I segnali di falso possono infatti dividersi in ulteriori quattro sottocategorie: mancanza di convinzione, conflitto interiore, menzogna e integrazione emotiva.

Analizziamo ognuno di questi casi più nel dettaglio.
I segnali di falso riguardanti la poca convinzione sono più comuni di quanto si possa pensare e di sicuro ti sarà capitato di vederli nella vita di tutti i giorni.
Immagina una situazione in cui un venditore stia cercando di convincerti a comprare il suo prodotto.
Tuttavia, dal suo atteggiamento, tu riesci a capire immediatamente che è molto insicuro, per poi scoprire che è al suo primo giorno di lavoro!
Ecco, in questo caso saresti di fronte ad un classico esempio di segnale di falso dettato dalla poca convinzione e, come puoi ben capire, alla base non vi è una menzogna, ma solo tanta insicurezza.
Passiamo ora al conflitto interiore.
Personalmente, adoro la pizza e solitamente la mangio tutti i sabati sera.
Quando sono a dieta, magari in vista dell'estate, cerco di limitare questa mia abitudine ad una sola volta al mese.
Tuttavia, mia figlia, anche se sa che ho mangiato il mio piatto preferito nel weekend precedente, ogni sabato mi chiede se voglio una fetta della sua pizza.

Le mie parole dicono di "no", ma i segnali che emette il mio corpo fanno chiaramente intendere di "sì".
Sto mentendo?

115

Forse, ma più che a mia figlia, sto mentendo a me stesso.

Questo appena esposto è un tipico caso di segnale da conflitto interiore.

Arriviamo quindi alla menzogna vera e propria.

Paradossalmente, qui il discorso è molto meno interessante.

In questo caso siamo davanti ad una persona che mente e cerca di distorcere la realtà.

Più che in ogni altro scenario è quindi in questo caso importante captare con destrezza e velocità i segnali di falso, al fine da smaschera la persona di fronte a noi.

Inutile sottolinearlo, le tecniche per rilevare questo genere di segnali sono molto studiate dai cadetti dell'FBI durante il loro periodo di formazione e sono tra le più importanti tra quelle che useranno nell'arco della loro carriera.

Infine, vi è l'integrazione emotiva.

In questo caso siamo di fronte ad una persona che, prima che a chiunque altro, sta cercando di autoconvincersi di un qualcosa.

Prova ad immaginare di aver a che fare con un qualcuno che ha appena perso un genitore.

La domanda naturale da porre in queste situazione è il classico "come stai?", che riceverà naturalmente una risposta positiva.

Risposta positiva tuttavia esclusiva delle parole.

Il corpo, i gesti e l'espressione del viso molto probabilmente diranno infatti tutt'altro.

Il tuo interlocutore, in questo caso, non sta cercando di trarti in inganno, ma sta invece provando a convincersi di stare bene, metabolizzando la morte del genitore.

Riuscire a ricondurre un comportamento preciso ad una famiglia di segnali è anche più importante del conoscere le classiche corrispondenze gesto-significato che ignorano completamente il contesto.

Il metodo usato dall'FBI, come vedremo successivamente, dà infatti molta più importanza a ciò che hai letto fino ad ora rispetto che al collegare un comportamento al suo significato in automatico.

CONCLUSIONE

Siamo arrivati alla fine del nostro viaggio nell'arte di analizzare le persone, e ormai dovresti essere pieno di idee e sicurezza, pronto a mettere in pratica le tue abilità.

L'arte di analizzare gli altri richiede tempo, questo è certo, e non devi scoraggiarti se all'inizio farai fatica a essere preciso o a mettere insieme i pezzi. Se analizzare le persone fosse facile, lo faremmo tutti dalla nascita, e non ci sarebbe speranza per chi mente o nasconde qualcosa!

Non si analizzano gli altri sempre per motivi negativi. Sì, ci sono molte persone senza scrupoli là fuori, e molte che mentono, tradiscono e provano a ingannare, ma non significa che questo sia lo scopo di tutti. L'analisi delle persone può essere usata anche per ragioni positive. Forse hai un amico che sta nascondendo un problema, non ne parla con nessuno, e perciò sta cercando di affrontarlo da solo. Nessuno dovrebbe essere costretto a farlo, e ascoltando il tuo intuito e usando le informazioni per analizzarlo, puoi identificare il problema e chiedere se vuole parlarne.

Potrebbe essere sufficiente per togliergli un peso dalle spalle, e potresti aiutarlo col suo problema, qualunque esso sia.

Certo, sapere analizzare le persone può anche salvarti da inganni e manipolazioni, ma è importante sapere quando usare le tue capacità e quando lasciare perdere. L'analisi non è necessaria in ogni situazione, a volte devi solo lasciare stare e vedere dove ti porta la vita. Tuttavia, farai affidamento sull'abilità di usare l'analisi in momenti specifici più volte nel corso della vita.

Succede nel corso di una notte? No. Avrai sempre ragione? Sicuramente no. Ma puoi stare certo che usando le tue abilità diventerai più sicuro di te, imparerai a fidarti del tuo intuito invece di dubitarne, e noterai un miglioramento nella tua precisione e sarai più sicuro di ciò che fai. Imparare ad analizzare le persone è un'abilità come le altre: devi fare pratica e capire che c'è solo bisogno di tempo.

Chiunque può impararlo, non devi avere delle capacità o conoscenze pregresse specifiche, basta solo tenere la mente aperta, sapere cogliere i segnali e fidarti di essi. Forse la parte più difficile è fidarti delle tue idee.

La maggior parte di noi non ha fiducia nelle altre persone o in se stessa, ed è per questo che in molti non sanno come usare il proprio intuito naturale.

Potresti avere letto il libro e avere dubbi sulle tue capacità di analisi ma, ripetiamo, si tratta sempre di essere sicuri di sé. Fidati di te e permettiti di seguire tutti i tuoi presentimenti. Di sicuro non devi analizzare tutte le situazioni e i problemi in cui ti imbatti, ma dovresti farlo quando te lo dice il tuo intuito. Se sospetti che qualcuno stia avendo dei problemi ma non ne stia parlando, segui quell'intuizione, e fai lo stesso se sospetti che qualcuno stia mentendo davvero.

Hai tutte le indicazioni per imparare la lingua del corpo… cosa aspetti?!

UN'ULTIMA COSA

Le informazioni che hai trovato su questo libro vengono dai miei appunti personali ho davvero messo tutto me stesso e tutte le mie energie nella realizzazione di questo libro.

Se ti è piaciuto questo libro ti chiedo solo una piccola cosa che potrebbe davvero fare la differenza per un autore indipendente come me. Ti chiedo di dedicare un minuto per lasciare una recensione sulla pagina del libro su Amazon.

Grazie Per Il Tuo Supporto - Allan Cooper

Lightning Source UK Ltd.
Milton Keynes UK
UKHW020628251121
394576UK00001B/40